高等职业教育土建类"十四五""互联网+"创新系列教材

U0747987

桥梁评定与维修加固

QIAOLIANG PINGDING YU
WEIXIU JIAGU

主 编 马 晶 李 振 胡学峰
主 审 朱冠华

中南大学出版社
www.csupress.com.cn

内容简介

本书依据交通运输部发布的《公路桥涵养护规范》《公路桥梁技术状况评定标准》和《公路桥梁加固施工技术规范》，结合目前施工单位常用的加固方法，系统阐述了桥梁病害检测、技术状况评定，以及加固的方法与理论体系；裂缝、桥面铺装病害、支座病害、混凝土梁体病害等混凝土桥梁常见的病害及修复方式；桥梁技术状况评定的流程；桥梁加固常用的方法——增大截面法、粘贴法、体外预应力法、墩台加固法等的工法流程、特点及使用范围。

本书可作为高等职业院校道路与桥梁工程、管理与养护工程、城市轨道与交通工程等专业的教材，也可供公路工程养护、加固等工程人员参考使用。

出版说明 INSTRUCTIONS

为了深入贯彻党的二十大精神和全国教育大会精神，落实《国家职业教育改革实施方案》（国发〔2019〕4号）和《职业院校教材管理办法》（教材〔2019〕3号）有关要求，深化职业教育"三教"改革，全面推进高等职业院校土建类专业教育教学改革，促进高端技术技能型人才的培养，依据教育部高职高专教育土建类专业教学指导委员会《高职高专土建类专业教学基本要求》和国家教学标准及职业标准要求，通过充分的调研，在总结吸收国内优秀高职高专教材建设经验的基础上，我们组织编写和出版了这套高等职业教育土建类专业"互联网+"创新系列教材。

高职高专教学改革不断深入，土建行业工程技术日新月异，相应国家标准、规范，行业、企业标准、规范不断更新，作为课程内容载体的教材也必然要顺应教学改革和新形势，适应行业的发展变化。教材建设应该按照最新的职业教育教学改革理念构建教材体系，探索新的编写思路，编写出版一套全新的、高等职业院校普遍认同的、能引导土建专业教学改革的系列教材。为此，我们成立了规划教材编审委员会。规划教材编审委员会由全国30多所高职院校的权威教授、专家、院长、教学负责人、专业带头人及企业专家组成。编审委员会通过推荐、遴选，聘请了一批学术水平高、教学经验丰富、工程实践能力强的骨干教师及企业专家组成编写队伍。

本套教材具有以下特色：

1. 教材符合《职业院校教材管理办法》（教材〔2019〕3号）的要求，以习近平新时代中国特色社会主义思想为指导，注重立德树人，在教材中有机融入中国优秀传统文化、"四个自信"、爱国主义、法治意识、工匠精神、职业素养等思政元素。

2. 教材依据教育部高职高专教育土建类专业教学指导委员会《高职高专土建类专业教学基本要求》及国家教学标准和职业标准（规范）编写，体现科学性、综合性、实践性、时效性等特点。

3. 体现"三教"改革精神，适应高职高专教学改革的要求，以职业能力为主线，采用行动导向、任务驱动、项目载体，教、学、做一体化模式编写，按实际岗位所需的知识能力来选取教材内容，实现教材与工程实际的零距离"无缝对接"。

4. 体现先进性特点，将土建学科发展的新成果、新技术、新工艺、新材料、新知识纳入教材，结合最新国家标准、行业标准、规范编写。

5. 产教融合，校企双元开发，教材内容与工程实际紧密联系。教材案例选择符合或接近真实工程实际，有利于培养学生的工程实践能力。

6. 以社会需求为基本依据，以就业为导向，有机融入"1+X"证书内容，融入建筑企业岗位(八大员)职业资格考试、国家职业技能鉴定标准的相关内容，实现学历教育与职业资格认证的衔接。

7. 教材体系立体化。为了方便教师教学和学生学习，本套教材建立了多媒体教学电子课件、电子图集、教学指导、教学大纲、案例素材等教学资源支持服务平台；部分教材采用了"互联网+"的形式出版，读者扫描书中的二维码，即可阅读丰富的工程图片、演示动画、操作视频、工程案例、拓展知识等。

高等职业教育土建类"互联网+"创新系列教材

编 审 委 员 会

前言 PREFACE

随着中国综合国力的增长，中国已成为世界上的桥梁大国，中国桥梁也步入了建养并存的时代，如何让桥梁健康地成长，这已经是当今刻不容缓的主题。该书根据公路桥涵"防治结合、科学养护、安全运行、保障畅通"的养护原则，较为系统地阐述了桥梁从检查到加固的一体化作业。

全书主要包括三大部分9个章节，绪论部分阐述了桥梁建养时代的开启和桥梁加固常用的方法，第一部分是桥梁常见的病害与修复，包括桥面系常见的病害，混凝土梁常见的病害，下部结构常见的病害、裂缝的分类及可能的形成原因，修复部分阐述了桥面铺装、支座、伸缩装置、裂缝等的修复；第二部分是桥梁的检测评定，包括桥梁检查与检测、桥梁技术状况评定；第三部分是桥梁加固常用的方法及案例分析，包括增大截面加固法、粘贴碳纤维布加固法、粘贴钢板加固法、体外预应力加固法、墩台加固法等。

本书第一章由湖南交通职业技术学院马晶、李振编写，第二章由河北通华公路材料有限公司程学志编写，第三章由湖南交通职业技术学院马晶编写，第四章由城市轨道交通集团有限公司胡学峰编写，第五章由湖南交通职业技术学院谢永春、艾冰编写，第六章由李振、胡学峰编写，第七章由湖南交通职业技术学院肖珏、杨一希编写，第八章由湖南交通职业技术学院刘俊编写，第九章由湖南交通职业技术学院郭芳、胡立卫编写。全书由马晶、李振、胡学峰主编，由长沙市公路桥梁建设有限责任公司朱冠华主审。

本书的编写得到了湖南交通职业技术学院路桥工程学院的大力支持和资助，在此致以诚挚的感谢。在编写过程中参考了有关文献，在此对文献的作者表示衷心的感谢。感谢长沙学院匡希龙教授的专业指导。

由于作者水平有限，书中难免存在差错不足之处，恳请读者批评指正。

编　者

2023 年元月

目 录 CONTENTS

第一章 绪 论

【学习要求】

本章从我国桥梁发展现状出发，结合国内外部分桥梁的毁损实例，提出了桥梁毁损的原因和旧桥加固的迫切性，概述了桥梁养护与检测的基本内容和加固常用的方法。通过本章的学习，学生重点掌握桥梁加固的常用方法并理解桥梁检测的基本内容。

【知识目标】

(1)了解桥梁毁损的基本原因；
(2)了解桥梁检测的基本内容；
(3)掌握桥梁加固改造常用的方法。

【能力目标】

(1)能简单总结检测的内容；
(2)能正确运用桥梁加固工程中的施工方法。

一、桥梁养护加固的定义及要求

2021年末全国公路总里程528.07万km，比上年末增加8.26万km。公路密度55.01 km/百(km)²，增加0.86 km/百(km)²，见图1-1。公路养护里程525.16万km，占公路总里程99.4%；而桥梁则是公路设施的重要组成部分，是公路工程的关键点，对道路的安全畅通有着举足轻重的作用。

桥梁在使用过程中，由于环境因素的影响(如海水环境)、交通量的增涨(见图1-2)、重车等的增加、自然灾害(如冰灾、地震等)的影响、人为因素(如车撞、船撞等)等，或多或少会有损伤，影响到桥梁的耐久性、承载性能等，交通运输部在"十四五"规划中提出了推进港珠澳大桥等公路长大桥梁结构健康监测系统建设实施工作，推动深中通道、常泰长江大桥等在建工程同步加强桥梁结构健康监测能力，动态掌握长大桥梁运行状况，防范化解公路长大桥梁运行重大安全风险，桥梁从建设时代进入到了建养并存时代，目前已建桥梁存在的主要问题有运营过程中经受了灾害等自然洗礼，材料出现了劣化、老化，交通量的日益增加、重车等也出现了，也有部分年代久远的桥梁设计荷载等级较低，或者因为设计原因、施工原因、养护不到位等形成了较多的缺陷。

桥梁建养中的养包括桥梁的养护、加固与改建，桥梁养护包括日常养护、预防养护、修复养护、专项养护和应急养护，日常养护对桥涵及其附属设施进行维护保养和修补轻微缺

1

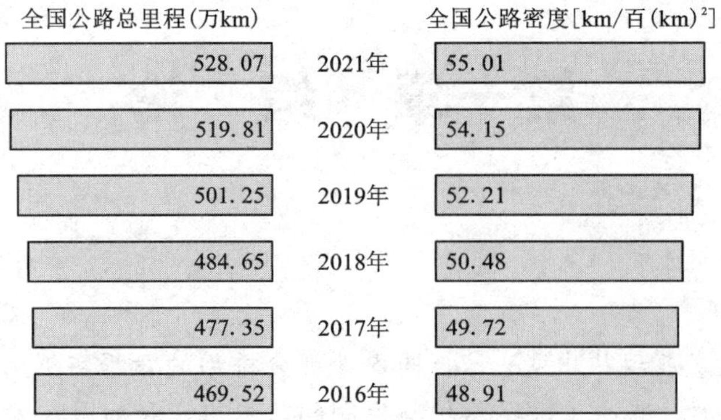

全国公路总里程(万km)		全国公路密度[km/百(km)²]
528.07	2021年	55.01
519.81	2020年	54.15
501.25	2019年	52.21
484.65	2018年	50.48
477.35	2017年	49.72
469.52	2016年	48.91

图 1-1　2016—2021 年全国公路总里程及公路密度

损，预防养护是指桥涵有轻微病害但整体性能良好，为延缓其性能衰减、延长使用寿命而采取的防护工程，修复养护是为恢复桥涵技术状况而实施的功能性、结构性修复或更换的工程措施，专项养护是为恢复、完善或提升桥涵使用功能而集中实施的增设、加固、改造、拆除重建等工程措施，应急养护则是当桥涵遇到突发情况造成损毁、交通中断、产生安全隐患时实施的应急抢修、保通等工程措施；桥梁加固是对桥梁的主要承重结构、构件及其相关部分采取增强、局部更换或调整其内力等措施，使其满足现行设计规范使用要求；桥涵改建是指当桥涵不能满足使用需求，为提升其技术标准、荷载等级、通行能力、抗灾能力等而实施的改造工程。

桥梁加固前需要对桥梁的技术状况进行评定、承载能力进行鉴定，确认通过加固能满足结构安全或正常使用要求后才能加固；加固应尽可能不损伤原结构，避免不必要的拆除及更换，防止加固中造成新的结构损伤或病害；因特殊环境(高温、腐蚀、冻融等)造成的桥梁结构病害，加固设计应采取针对性的处治措施；有抗震要求的桥梁，加固时还应进行抗震能力验算；加固施工方法、流程、工艺的设计，应考虑结构或构件出现倾斜、失稳、坍塌等的可能性，并采取有效措施。

加固改造工程设计的工作程序：
①调查并确定技术改造的目的、要求及技术标准；
②原桥的现场调查与技术资料的收集；
③原有承载能力及技术状况评定与分析；
④技术改造方案的拟定与设计计算；
⑤施工图绘制及工程数量与预算编制。

二、桥梁垮塌事故及原因分析

2019 年 10 月 10 日 18 时 10 分许，江苏无锡 312 国道 K135 处、锡港路上跨桥发生桥面侧翻事故，桥下共有 3 辆小车被压，事故造成 3 人死亡，2 人受伤，经初步分析，上跨桥侧翻系运输车辆超载所致。

2018 年 8 月 14 日中午 11 点半左右，意大利热那亚 A10 高速公路一高架桥一部分桥身整段垮塌，坍塌桥面约百米长，坍塌事故造成至少 35 人死亡，造成高架桥倒塌的原因是意大利南部发生的暴风雨。

2011 年 7 月 14 日早上 8 时 50 分许，福建武夷山公馆大桥北端垮塌，一辆正在桥上行驶的旅游大巴车坠入桥下，造成 1 名驾驶员当场死亡，其余 22 人受伤，事故原因是桥梁个别或部分吊杆断裂，导致桥面失去承载能力而发生桥面垮塌。

2011 年 7 月 19 日零时 40 分，一辆载重超过 160 t 的严重超载 6 轴货车通过北京怀柔宝山寺白河桥，当驶过该桥的第一孔桥洞时，该桥发生坍塌，随后 4 孔桥洞全部坍塌。垮塌的大桥呈 W 形波浪状。货车超载绝对是造成垮塌事故的主要原因。

2007 年 6 月 15 日凌晨 5 时 10 分，一艘佛山籍运砂船偏离主航道航行撞击九江大桥，导致桥面坍塌约 200 m，导致 9 人死亡。这就是闻名中外的"九江大桥 6·15 船撞桥断事故"，也称为"九江大桥事件"。

2006 年 12 月 10 日北京顺义悬索桥荷载试验时垮塌，10 辆拉载沙土的卡车落入水中。

2004 年 6 月 10 日早晨 7 时许，辽宁省盘锦市境内田庄台大桥突然发生垮塌。大桥从中间断裂 27 m。专家组认定，该桥在超限车辆长期作用下，内部预应力严重受损。事故发生前，大连顺达运输公司一辆自重 30 t 的大货挂车，载着 80 t 的水泥，在严重超载情况下通过该桥(该桥在 2000 年 7 月被确定通行车辆限重 15 t、限速 20 km/h)，重载冲击力使大桥第 9 孔悬臂端预应力结构瞬间脆性断裂，致使桥板坍塌，通过该桥的一辆农用车落水，车上 2 人逃生。

2005 年 12 月 14 日 5 时 30 分左右，小尖山大桥突然发生支架垮塌，横跨在 3 个桥墩上的两段正在浇筑的桥面轰然坠下，桥面上施工的工人也同时飞落谷中。事故共造成 8 人死亡、12 人受伤。这起事故发生的原因主要是支架搭设时基础施工不符合相关规范要求，部分支架钢管壁厚不够，部分支架主管与枕木之间缺垫板。

2021 年 6 月 22 日 14 时 35 分，龙潭长江大桥工程南京栖霞区境内南锚碇建设工地，在沉井第九节接高施工过程中，发生一起模板坍塌事故，事故造成 3 人死亡，12 人受伤，直接经济损失约 958 万元。

1994 年 10 月 21 日早高峰时刻，韩国首都首尔汉江上的圣水大桥位于第五和第六根桥柱间的 48 m 长混凝土桥板整体塌落入水，六辆汽车包括一辆满载警员的面包车跌进汉江，造成33 人死亡、17 人受伤，经过长达 5 个月的调查，大桥坍塌的直接原因是承建大桥工程的东亚建设没有按设计图纸施工，而且在施工中又偷工减料，如 10 mm 厚的钢板只用了 8 mm，为赶工期，熔点没到就连接钢筋，并采用了劣质钢材等，同时超载运行也是其中因素。

当地时间 2007 年 8 月 1 日下午 6 时 1 分，美国密西西比河大桥突然坍塌，造成至少 8 人死亡，79 人受伤，该桥早在 2001 年已出现纵向扭曲变形和疲劳，同时已有专业报告指出该桥一旦桁架承受不了庞大车流，大桥恐将坍塌，但政府并未重视桥梁养护不足的问题。

桥梁垮塌原因很多，可能是设计原因，如多跨拱桥未设置推力墩，桥梁在建时的理念欠缺以及生产力条件制约等；也可能是施工问题，如未按施工顺序施工，或者混凝土龄期等未达到设计要求即进行下一步工序施工、偷工减料等；也可能是监管问题，如关键工序监控不到位，或者监管体系混乱；也可能是运营管理问题，如未作定期监测，未及时更换损坏构件等；也可能是外界因素，如超载、船只撞击、暴风雨等；也可能是缺乏养护加固意识，如桥梁养护管理不到位等。

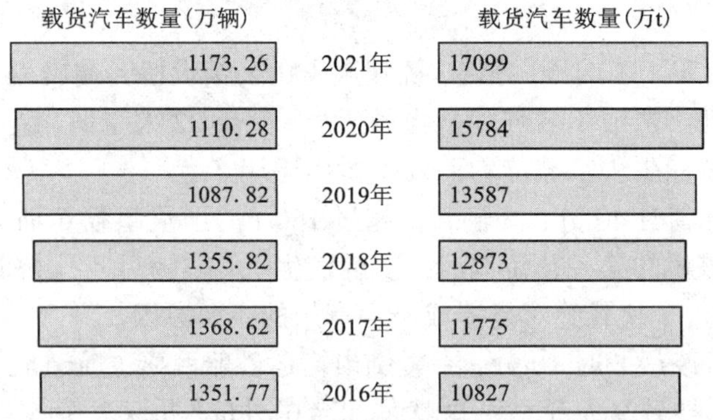

载货汽车数量(万辆)		载货汽车数量(万t)
1173.26	2021年	17099
1110.28	2020年	15784
1087.82	2019年	13587
1355.82	2018年	12873
1368.62	2017年	11775
1351.77	2016年	10827

图1-2 2016—2021年全国载货汽车拥有量

为避免桥梁的垮塌，桥梁建设期间，应根据实际情况进行设计，并应考虑后期可能的交通流量增长问题，不要为了过度美观或者降低造价而放弃质量；在施工过程中，各方应严格履行职责，严格按照设计和规范标准等施工，不能偷工减料赶工期；在运营阶段，管理单位应定期检查，遇突发事件应立即进行应急检查，定期进行维修加固。

三、桥梁检查与检测

桥梁设计时其抗力效应应大于其荷载效应，并能有一定的安全度，投入运营后，由于外界因素的影响，如重车大车的增加、车辆荷载等的反复作用导致疲劳效应的损伤累积、混凝土碳化、钢筋锈蚀等导致耐久性降低、强度降低，这些都会使得桥梁的抗力效应降低，荷载效应可能增大，若等到桥梁外观表现处开裂等病害，其抗力可能早已无法抗衡荷载，甚至在外观未有表象时，桥梁会出现突然的损伤，故对于桥梁，必须要进行检查检测，通过检查发现桥梁的表观病害和缺陷，通过特殊检查，发现桥梁的承载能力、通行能力等是否满足要求。通过检测，可以发现桥梁的内部缺陷和强度等通过表象无法明确的情况，如通过氯离子含量的测定，可以确定桥梁钢筋锈蚀的可能性以及氯离子含量增多是施工阶段存在的问题还是后期环境因素导致，故桥梁检查与检测的实质是通过对桥梁缺陷与病害的检查，通过对桥梁结构状态的检测、监测与评估，发出相应的预警信号，为桥梁养护维修加固等提供依据和指导。

桥梁检查与检测包括桥梁各部分的外观尺寸检测、线性检测、混凝土强度检测、与耐久性相关的检测如混凝土碳化、锈蚀电位、混凝土保护层厚度、氯离子含量、电阻率的测定等等；通过检查检测的结果对桥梁进行评定，确定桥梁的等级，从而确定桥梁是养护维修加固还是重建改建等，对于需进行承载能力检测的桥梁，可以根据技术状况检查与检算的结果来判定桥梁的承载能力，对于通过技术状况检查与检算依然无法确定桥梁承载能力是否满足的桥梁需通过荷载试验(静载和动载试验)来确定桥梁的承载能力是否满足要求。

对于需要开展结构健康监测的桥梁，应结合桥梁实际，遵循"技术先进、经济适用、精准预警"的原则，建立监测体系，并保证监测系统的实效性、可靠性和耐久性。

四、桥梁加固常用的方法

桥梁检测评定中当桥梁处于三、四类桥梁时，需对部分桥梁进行加固，处于五类桥梁时，需进行重建改建，桥梁加固常用的方法上部结构有增大截面加固法、粘贴钢板加固法、粘贴纤维复合材料加固法、体外预应力加固法、改变结构体系加固法；桥梁下部结构及基础加固常用的方法有增加桩基加固、地基压浆加固、保持水土法等；桥梁支座和伸缩装置在使用过程中很容易出现损害，故还包括支座、伸缩缝更换等。

桥面补强层加固法是将原桥面铺装凿除，在原桥面板上加铺一定厚度的补强层，提高单梁承载能力或桥梁结构整体承载能力；粘贴钢板加固法通过环氧树脂等结构胶黏剂把钢板(型钢)粘贴在混凝土表面，提高混凝土的抗弯、抗剪等能力；粘贴碳纤维布加固法通过浸渍树脂等结构胶黏剂把抗拉强度较高的碳纤维复合材料粘贴在结构物表面，碳纤维复合材料与原结构共同受力，从而提高结构物的承载能力，其关键就在于浸渍树脂等结构胶黏剂的粘贴能力；增大截面加固法是增大混凝土结构物的截面面积和增配钢筋来提高其承载力和刚度，有增大梁肋面积、增焊主筋等方法；体外预应力加固是将预应力筋布置在主体结构之外，通常是在梁底或腹板两侧增设预应力筋，通过施加体外预应力来使原结构、构件的受力得到改善或调整，从而较大程度地提高桥梁结构的承载能力；改变结构体系是在原有结构上增加新的受力构件，从而提高结构的承载力，常见的方法有增设辅助墩、增设八字支撑、改梁桥为梁拱组合体系桥、增设斜拉体系等。

桥梁加固前，应按照有关要求及相关规范对其技术状况、承载能力进行检测、评定，并对建设方案进行社会、经济、技术比较，有特殊使用要求的桥梁，其荷载标准、加固设计基准期、功能要求通过专门研究确定，桥梁加固要满足安全使用、技术可靠、经久耐用、经济合理、环境保护的要求。

【思考题】

1. 桥梁是否只有承载能力不足的情况下才需要加固？
2. 桥梁检测的内容包括了哪些内容？
3. 桥梁加固有哪些方法？

第二章 桥梁常见病害与缺陷修复

【学习要求】

本章详细阐述了桥梁常见的缺陷以及各种缺陷产生的原因,并从支座、伸缩缝、桥面铺装、混凝土结构的角度进行了详细的病害描述及产生原因分析。本章重点是桥梁常见的缺陷之裂缝以及裂缝产生的原因、桥面铺装常见的病害及产生原因、支座常见的病害及产生原因、伸缩缝常见的病害及产生原因,其中梁桥结构常见的裂缝及产生原因、支座常见的病害及产生原因是本章的难点。

【知识目标】

(1)了解各种裂缝所处的位置并分析产生的原因;
(2)掌握各种裂缝处理的常规方法;
(3)掌握支座病害产生的原因及如何维修加固;
(4)掌握伸缩装置病害产生的原因及如何维修加固。

【能力目标】

(1)能根据裂缝产生的原因及裂缝的发展规模分辨出工程中哪些裂缝是有害的,哪些裂缝是无害的;
(2)能判断桥梁的病害及可能产生的原因;
(3)能制定桥面铺装、支座和伸缩缝的简单维修方案。

一、桥梁常见的病害及产生原因

1. 桥面铺装常见的病害

桥面铺装是铺筑在桥面板上的保护层,其作用为防止车辆轮胎等直接磨耗桥面板,对轮载等起到扩散作用,减少作用在桥面板上的应力,保护桥面板免受雨水的侵蚀,同时为车辆提供平整防滑的行驶表面。常见的类型有沥青混凝土桥面铺装、水泥混凝土桥面铺装、防水混凝土桥面铺装及钢桥面铺装等,基本要求具有抗冻性、抗渗性、延伸性、变形稳定性、不透水性、耐磨性、抗滑性、与桥面板一起作用时刚度好和平整性等,其中沥青混凝土路面具有较好的行驶舒适性,对温度敏感,故还需具备高温、低温性能;水泥混凝土路面主要用于重载交通,钢桥面铺装是指在钢箱梁顶面的铺装,其每个层面施工遇雨应立即停工,不宜在夜间施工,钢桥面铺装还需具有优良的防锈、抗老化能力,钢桥面铺装的检测不得采用钻孔法,而应采用无损检测法。

沥青桥面铺装常见的病害有推移、拥包、松散、坑槽、车辙、平整度不够、裂缝等；水泥混凝土桥面铺装常见的病害有裂缝、破碎、错台等；钢桥面铺装常见的病害有局部裂缝、错台、坑洞、化学损伤等。

（1）推移、拥包：产生原因有铺装层内部产生较大的剪应力，引起路面的剪切变形，如施工时压路机碾压速度过快或摊铺厚度过厚、沥青混凝土施工配合比与生产配合比不匹配等；或者由于铺装层与桥面板层间结合面黏结力差，如施工时未设置黏结层、防水层等，导致抗水平剪切能力较弱，沥青路面在气温较高时抗剪强度下降，在水平方向上产生相对位移发生剪切破坏。

（2）松散和坑槽：松散是路表面集料的松动、散离现象；坑槽是松散材料散失后形成的凹坑。当沥青面层压实度不足，地表水侵入，使得沥青与矿料剥离脱节而松散或者沥青混合料在施工过程中离析，或因温度变化并伴随桥面板或梁结构的大挠度而产生的裂隙，在车辆荷载及渗入的水的作用下产生面层松散和坑槽破坏。当面层材料组合不当或施工质量差，结合料含量太小或黏结力不足，使面层混合料中的集料失去黏结而成片散开，形成松散。若松散材料被车轮后的真空吸力及风和雨水带离路面，于是龟裂及其他裂缝进一步发展，使松动碎块脱离面层，便形成大小不等的坑槽，见图2-1。

（3）车辙：车辙是指沿道路纵向在车辆集中碾压通过的位置，路面产生的带状凹陷，形成原因主要有高温季节的车轮反复作用、设计或施工不满足规范要求。

（4）平整度达不到要求：摊铺机械性能好坏，决定着铺装层的平整度。

图2-1　坑槽

图2-2　破损

（5）裂缝：在桥面铺装中较为常见，常见的裂缝有横缝、纵缝、网状裂缝等，横缝的产生原因有温度收缩、墩顶桥面连续铺装处的反射裂缝、连续梁桥悬臂梁桥等负弯矩区产生的裂缝；网裂、龟裂主要是因为冬季降温路面的收缩、车辆反复作用等产生的拉应力导致，同时疲劳效应也会产生裂缝，即路面在正常使用情况下，路面无显著永久的变形而出现的裂缝，首先出现较短的纵向开裂，继而在纵裂的边缘逐渐发展为网状开裂，开裂面积不断扩大。纵向裂缝主要是因为纵向接缝处理不恰当或者梁板接缝处混凝土强度不足引起。如图2-3、图2-4所示。

图 2-3　横向裂缝

图 2-4　纵向裂缝

（6）波浪：桥梁上部结构施工时，支架沉降或预应力反拱等，造成铺装层厚度不足，或者梁顶清洁不彻底，造成铺装层与主梁结合欠佳，抗水平剪力较弱等。

桥面铺装维修流程：

（1）确定病害范围，铣刨原有路面沥青层；

（2）桥面清理：外观检查，对缺陷进行修补，清除杂物，对桥面板进行处理，以精铣刨为主，抛丸配合人工凿毛为辅，铣刨过程中出现的病害应修补，铣刨后应检测其去除深度、有无杂物浮浆等、露骨率等。

（3）桥面铺装改造，凿出后的表面应为毛面，以利于新老混凝土的有效结合，如有裂缝，应对裂缝做处理，非构造性微小裂缝，可灌浆处理，较大裂缝，可开凿修补；构造性受力裂缝，则应对桥梁进行受力分析，进行加固处理，病害处理后做新的桥面铺装。

2. 伸缩装置常见的病害

伸缩装置的作用是为了满足在外加荷载或温度影响作用下梁体产生的纵向变形，常用的伸缩装置有模数式伸缩装置、梳齿板式伸缩装置等；伸缩装置常见的病害有渗水、锚固区破损病害分析、橡胶条损坏老化开裂或破损失去了止水效果、堵塞、高差和过窄等（图 2-6）。

图 2-5　坑槽

图 2-6　堵塞

伸缩缝施工安装时宽度不合适，导致预留压缩量不足，伸缩缝挤死，内应力增大，挤坏伸缩缝体混凝土，使路面出现坑槽等路面破损(图2-5)；由于桥台沉陷、安装误差、支座垫石碎裂等原因导致桥梁一侧比路面一侧偏低，形成桥头跳车；同时桥头跳车和伸缩缝损毁这两类病害是相互关联的，桥头跳车引起较大的冲击荷载直接作用在伸缩缝附近，造成伸缩缝破损；由于砂石等杂物的聚集，伸缩缝容易丧失自由涨缩的能力，在夏天气温升高时主梁不能自由伸长，就容易在相邻的主梁或主梁与桥台之间产生推力，严重的甚至发生主梁的顶起或桥台背墙的开裂；施工时锚固区后浇带混凝土强度不够，或养护不到位；或者与桥面有高差，导致跳车，加上超载车辆频繁作用导致破损；容易造成伸缩缝钢构部分损坏，橡胶条损坏或者锚固区破损引发渗水；U形锌铁皮伸缩装置出现锌铁皮老化、开裂、断裂；钢板伸缩装置或锯齿钢板伸缩装置出现钢板变形，螺栓脱落，伸缩不能正常进行(图2-8)；橡胶条伸缩装置出现橡胶条老化、脱落，固定角钢变形、松动(图2-7)；板式橡胶伸缩装置出现橡胶板老化开裂，预埋螺栓松脱，伸缩失效。

图2-7　剥落、露筋

图2-8　型钢变形

伸缩装置更换：伸缩装置保养、维修和更换应降低对交通的影响，重视资源节约和环境保护，伸缩装置的病害应做到及时发现、及时修复，对外观及内部构造应定期检查、保养和维护；当伸缩装置病害等级达到4级，但通过维修或更换部分零件后，可以继续使用的，应予以维修或局部更换；当伸缩装置病害等级达到4级，确认已丧失整体功能，通过维修、更换部分零件后不能继续使用的，应予以整体更换；当伸缩装置等级达到3级，但零部件维修更换困难的，应予以整体更换；新更换的伸缩装置槽口混凝土宜采用早强混凝土。

(1)伸缩装置准备：准备好伸缩装置，伸缩装置应由专业厂家制造，进场后应按相关产品标准的要求进行抽样检测，包括整体性能、尺寸偏差、外观质量、组装要求等。

(2)现场准备：施工机具及人员准备，施工机具进场前标定、调试，槽口混凝土凿除作业应采用小型机具，严禁采用大型破碎机械，特种设备操作人员应持证上岗，施工人员等进现场时应做好岗前培训和技术、安全交底。

(3)交通组织：养护作业宜选择在交通量较小时段进行，应设置养护维修作业控制区，控制区内交通标志设置应合理、前后协调、引导车流安全同行，工作区应设置工程车辆专门的进出口，应设在顺行车方向的下游过渡区。

（4）旧伸缩装置拆除：用切缝机沿原槽口混凝土外侧边线切缝，严格控制切缝深度，不得损伤原桥梁结构钢筋；槽底凿毛，槽口清理，不留松动混凝土。

（5）伸缩装置就位：就位后伸缩装置中心线应与桥梁中心线相重合；顶面高程应与梁端桥面高程相吻合，伸缩装置支撑横梁应尽量布设在桥面行车道轮迹带区域。

（6）伸缩装置固定：调整伸缩装置直线度，控制型钢顶面标高，边钢梁比两侧沥青路面的标高低 0~2 mm，与槽内预埋锚固钢筋临时固定，做固定焊接，对称施焊。

（7）植筋：原有预埋钢筋缺失的应补植，植筋应采用 HRB400 级热轧带肋钢筋，严禁采用膨胀螺栓替代。

（8）伸缩装置焊接：钢筋焊接应一次完成，沿桥宽中心一次对称向两侧焊接。

（9）安装构造钢筋：构造钢筋网应采用 HPB300 级钢筋加工制作，宜在两侧槽口内、连接锚固区混凝土浇筑区域的上部现场制作、安装，钢筋网四周边缘的每个钢筋交叉点均应焊接，其余的交叉点可焊接或绑扎一半。

（10）模板制作与安装：安装模板前，梁端伸缩缝应采取堵漏措施，模板安装完毕后，应再次验槽、清槽，复核伸缩装置顶面标高。

（11）混凝土浇筑与养护：浇筑前，应对槽口做最后一次清理，复查伸缩装置的平整度、标高、中线位置、型钢间隙宽度后，对槽内洒水湿润，采用防水材料覆盖伸缩装置两侧桥面，混凝土浇筑宜连续进行，因故中断的间歇时间应小于前期混凝土的初凝时间或重塑时间；混凝土浇筑完成后，应在其收浆后尽快给与覆盖并洒水保湿养护。

（12）密封带安装（模数式伸缩缝）：混凝土强度达到设计弯拉强度后，方可进行橡胶密封带的安装，橡胶密封带应整条通长安装，且长度应伸出护栏外侧。

（13）清理现场、施工质量验收：验收内容包括长度、缝宽、与桥面高差、纵坡、横向平整度、焊缝尺寸、焊缝探伤、槽口混凝土和外观质量等。

3. 混凝土梁桥常见的病害

混凝土梁桥常见的病害有蜂窝、麻面、混凝土老化和剥落、露筋、裂缝、混凝土碳化等。

1）蜂窝

产生原因：配筋太密、坍落度过小、混凝土配合比设计不合理，粗骨料粒径太大，混凝土和易性差、运输时混凝土产生离析、下料没有按规程设置进入下料筒（槽），乱抛撒，造成混凝土产生离析，骨料向模板侧过分集中、混凝土灌注时没按规程分层浇筑，振捣不到位、模板缝隙不严等造成水泥浆流失过多；

2）麻面

产生原因：施工过程中模板表面不光滑，不够湿润，吸去构件表面混凝土内的水分；模板没有涂刷隔离剂或者脱模剂使用不当；结构混凝土没有达到强度，提前强行拆卸模板。

3）混凝土老化和剥落

产生原因：混凝土保护层厚度不足，结构出现裂缝，钢筋锈蚀，桥面渗水等（图 2-9）。

4）露筋

产生原因：混凝土保护层厚度不足，钢筋锈胀，混凝土剥落；混凝土保护层的垫块强度不够在施工过程中破碎，或垫块绑扎不牢施工中发生移位，造成结构钢筋移位，紧贴模板；混凝土破损；保护层处混凝土漏振或振捣不实；定位筋的外露，施工把关不严，有大块骨料

图 2-9　混凝土剥落

混入，卡在边角处钢筋网上。

5）裂缝

裂缝有非结构性裂缝和结构性裂缝，非结构性裂缝是指外界环境变化造成的非荷载引起的裂缝，如温度的变化、混凝土的收缩等；结构性裂缝则是指外荷载引起的裂缝，主要包括弯曲裂缝、弯拉裂缝、支座上面梁底裂缝等。

6）铰缝渗水

产生原因有施工不当，勾缝砂浆脱落，未设置防水层等。如图 2-10 所示。

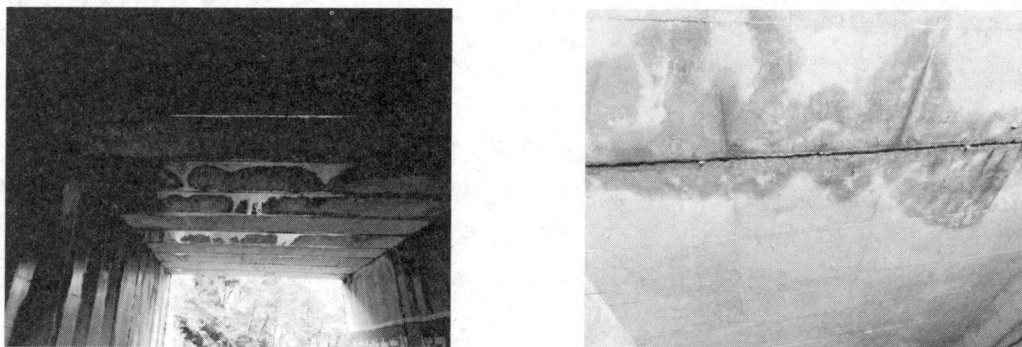

图 2-10　铰缝渗水

7）混凝土碳化

碳化是指气相的或水溶的 CO_2 与混凝土中的碱性物质反应，使碱性物质转化为 pH 较低的碳酸盐 $CaCO_3$。混凝土碳化结果是降低了混凝土的高碱性，导致钝化膜（混凝土的高碱性使包裹在混凝土中的钢筋表面形成钝态氧化层）失稳甚至失效，引起钢筋锈蚀。产生原因很多：修建时混凝土配合比不合理，水灰比大，水泥用量少，空隙大，早期养护不足所致等。

4. 桥面排水设施常见的病害

管道破坏、损伤，在外界作用影响下而产生局部破裂，损伤，出现洞穴而产生漏水等；管体脱落，主要由于接头连接不牢而产生掉落，失去排水作用；管内有泥石杂物堵塞，从而排水不畅，甚至水流不通；管口有泥石杂物堆积，由于桥面不清洁，堵死泄水管管口；引水槽主要缺陷有堆泥、堵塞，水流不畅，槽口破裂损坏而出现漏水、积水。

排水设施的养护维修：桥面的泄水管、排水槽如有堵塞，应及时疏通，并经常保持通畅。桥面泄水管长度不足时，应予以接长；桥面应保持大于1.5%的横坡，以利于桥面排水；桥梁上设置的封闭式排水系统，应保持排水管道的畅通，排水系统的设施如水泵等应工作正常，若有堵塞应及时疏通，若有损坏应及时更换。

5. 栏杆、护栏、人行道常见的病害

栏杆、护栏本身出现了开裂、混凝土脱落，或者连接处出现了脱落，钢制护栏等出现了锈蚀、脱漆等；人行道的路缘石出现了破碎、人行道与桥面板连接出现了松脱。见图2-11，图2-12。

图2-11　剥落、露筋

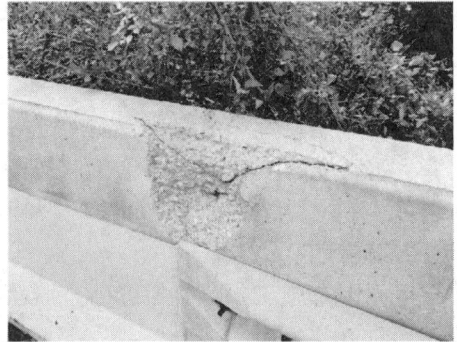

图2-12　破损

6. 支座常见的病害

桥梁上常用板式橡胶支座多为钢板加劲橡胶支座，适用于中小跨径桥梁，板式橡胶支座是利用橡胶的弹性压缩满足梁体的转动，利用加劲钢板承担大部分竖向承载力，故板式橡胶支座常见的病害有支座缺失、支座脱空、支座偏移、支座剪切变形、支座老化开裂、支座鼓凸、支座垫石开裂等。如图2-13~图2-15所示。

图2-13　支座剪切变形

图 2-14　支座脱空

图 2-15　支座压缩变形

　　支座缺失的原因可能是施工时未安装，或由于支座偏移过大，在冲击振动下脱出。支座脱空可能是因为荷载作用下产生偏压，或者梁体在预应力及混凝土收缩徐变作用下上拱，或者支座垫石强度过低，受压后破碎，或者支座垫石或梁底不平整，或者施工时支座垫石高程控制不当，与设计值有一定偏差；支座偏移包括纵向偏移和横向偏移，可能是施工时支座放样不标准，安装位置有偏差，或者汽车荷载冲击振动导致；支座剪切变形超限是由于温度、徐变等因素导致梁体长度变化所致；支座老化开裂是因为板式橡胶支座的橡胶由于自身的原因或者因为时间的原因产生老化开裂；支座鼓凸一般是因为支座收到了偏压荷载；支座垫石开裂的原因可能是养护不到位，或者在集中荷载作用下缺陷处产生开裂，或者垫石与盖梁混凝土未同时浇筑，且接触面未有效处理。

　　盆式橡胶支座广泛应用于公路桥梁之中，由上钢盆、聚四氟乙烯板、不锈钢滑板、密封圈、橡胶板、下钢盆、地脚螺栓和防尘罩等组成，按照使用性能有固定支座、纵向活动支座、横向活动支座、双向活动支座、减震性纵向活动支座、减震性横向活动支座和减震性固定支座等，工作原理是利用密封在钢盆中的橡胶板承担上部结构荷载和转动，并将荷载传递给墩台；其最常见的病害有钢盆等钢制品出现裂纹变形锈蚀等、聚四氟乙烯滑板侧滑及磨损、支座位移超限、支座转角超限、锚栓剪断等。

　　钢盆等钢制件的裂纹变形等主要集中在下支座板的表面；钢制件的变形主要是因为盆地钢板支座反力的作用导致表面的翘起；钢制件的脱焊主要是因为钢盆环与盆地之间的焊缝承受剪应力超限导致；钢件锈蚀是因为钢盆的外表保护涂层脱落；聚四氟乙烯板的侧滑和磨损是因为不锈钢板和聚四氟乙烯相对滑动造成。

7. 拱桥常见的病害

　　当拱桥所处的地基为软弱地基或者处理不当等情况时，墩台在水平力较大的情况下可能会产生变位，导致拱顶及其他截面下沉；桥面出现下沉时，下沉处易积水下渗，导致钢筋生锈混凝土开裂；空腹式拱桥主拱圈与立柱衔接的位置由于主拱圈受到立柱较大的集中荷载产生开裂；墩台与侧墙交接的位置由于两者所用的材料不一样，同样环境或者受力下产生的变形等不一样，导致侧墙等开裂；侧墙由于拱上填料吸水膨胀产生胀裂；空腹式拱桥中腹拱在荷载反复作用下产生受力裂缝。

8. 下部结构常见的病害

墩台帽支座垫石接触处因受到比较大的集中力，故容易产生开裂；较宽的桥台若未作变形缝等，温度及地基不均匀沉降产生的变形不能释放，会导致桥台前壁开裂；台后填土未采用透水性材料或排水设施未完全实现其排水功能，使得填土浸水膨胀，导致桥台侧墙等胀裂；水中桥墩，受到水流的冲刷，甚至是酸性环境等的侵蚀，导致混凝土剥落，露出钢筋；由于偏心受压，导致桥墩出现上下错层；墩台基础为大体积结构，水化热明显产生裂缝（图 2-16）；基础覆土由于水流冲刷流失，导致基础外露，或者由于水土流失、偏压等导致基础受力不平衡，从而产生滑移或者倾覆。

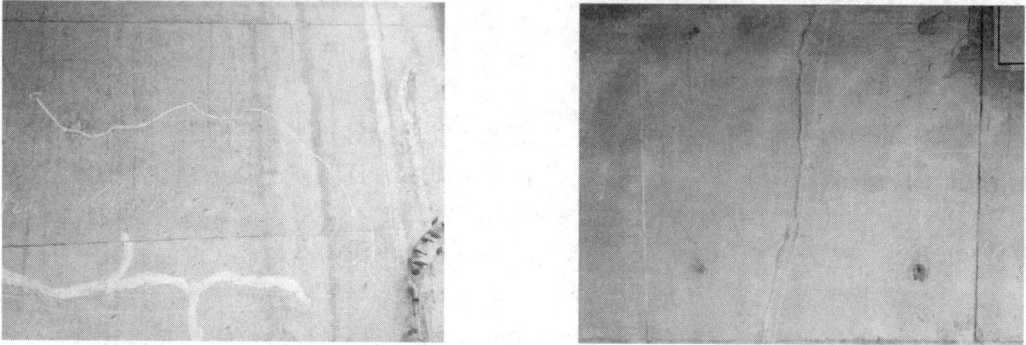

图 2-16 裂缝

9. 斜拉桥常见的病害

斜拉索常见的的病害有拉索回缩、拉索腐蚀、拉索振动、锚固装置疲劳、锚头锈蚀等。拉索回缩主要是因为锚固设施失效或者不能完全发挥其锚固效应；拉索腐蚀是因为拉索内的防腐材料或者管道失效，达不到防腐效果，导致拉索腐蚀；斜拉索在风荷载等作用下会产生明显的振动，若其振动频率与桥梁基频一致会产生共振，从而导致斜拉索振动加剧，疲劳效应加剧；外荷载的反复作用会导致锚固装置产生疲劳效应，当桥面拉索锚固区出现积水，积水很容易造成下锚头锈蚀。

桥面板受的力通过斜拉索传递给索塔，索塔既有压应力，又有水平力，故索塔容易产生受力裂缝，主要是拉索锚固区的局部裂缝、塔根处的裂缝，当索塔刚度不够时，会产生弯拉裂缝。

主梁主要的病害是裂缝，如混凝土收缩、徐变等产生的裂缝，或者锚固区域局部应力过大导致的裂缝，或者由于弯拉力产生弯拉裂缝等。

10. 悬索桥常见的病害

悬索桥常见的病害有主缆损伤、锚碇破坏、防护系统出现开裂、索股钢丝出现生锈、吊索断裂、桥塔产生变位、桥面损伤等。主要原因包括施工时主缆内部水分清除不完全，架设及后期运营期间雨水等侵蚀，主缆系统的防腐材料选用不恰当，导致密封层密封性能失效；混凝土桥面板出现了材料退化和裂缝，退化会导致混凝土表面出现蜂窝、剥落、孔洞等，裂缝包括横桥向受力裂缝、纵桥向接缝裂缝及混合裂缝等；钢桥面板由于高强度螺栓缺失等导致主梁裂缝或断裂，产生破损开裂等。

11. 裂缝

裂缝的分类方式很多，下面讲述几个常见的分类方式：

按裂缝是否有害分类：无害裂缝和有害裂缝。工程中常见的裂缝很多，但并不能谈裂缝色变，有些裂缝只要在数量的增长速度及深度、宽度的增加上不是很快，可以看作无害裂缝，这种裂缝不会影响到结构物的正常使用和安全状态，如温照所引起的网状裂缝等；但是有害裂缝一旦出现，若不加以修复或者杜绝产生裂缝的根本原因，就会导致结构的破坏，影响其正常使用，如桥梁由于弯曲产生的弯曲裂缝等。

按裂缝产生的原因分类：结构性裂缝和非结构性裂缝。结构性裂缝起因于荷载作用，包括直接荷载作用和间接荷载作用，直接荷载是指恒载、活载、预应力、风等；间接荷载起因于温度、徐变、收缩、基础沉降、松弛等。非结构裂缝主要是指非荷载作用产生的裂缝，诸如混凝土早期收缩裂缝、水化热裂缝、浇筑时模板支架沉降以及由后期环境侵蚀引起的裂缝，主要是钢筋锈蚀、冻融循环、碳化以及碱-集料反应。

非结构裂缝主要分为收缩裂缝、温度裂缝等。

按裂缝的危害性分类：贯穿裂缝、深层裂缝和表面裂缝。贯穿裂缝延伸至整个结构面，将结构分离，破坏了结构的整体性，这种裂缝，必须采取措施，防治结构进一步恶化，如结构偏心受拉时导致结构面的开裂；深层裂缝延至结构深层，危害着结构整体性能；表面裂缝在结构表面浅层上，出现的龟纹状裂缝、竖向裂缝、水平裂缝和干缩裂缝等。

在桥梁建造与使用过程中出现的裂缝，是非常值得关注的问题。裂缝的发展会使结构物产生异常的内部应力或变形，严重的可能会危及桥梁的结构安全和正常使用。桥梁结构常见的裂缝形式有以下几种。

1）梁式体系裂缝

（1）梁桥梁（板）受拉区出现弯曲裂缝

位置、方向和性质：弯曲裂缝出现在梁的侧面和底面，侧面的弯曲裂缝，从梁底向上开裂，并与主钢筋垂直；一般裂缝宽度：梁结构在0.03~0.2 mm之间，板结构在0.03~0.15 mm之间。裂缝之间的间距在0.05~0.2 m之间；梁底出现的弯曲裂缝，时常垂直于主钢筋，裂缝宽度在0.03~0.2 mm之间。当梁（板）受荷时，已有裂缝的长度和宽度都会相应的增加，同时，会出现新的裂缝，当卸荷时，裂缝一般会恢复原状，个别为深层裂缝，也有部分贯穿裂缝。如图2-17所示。

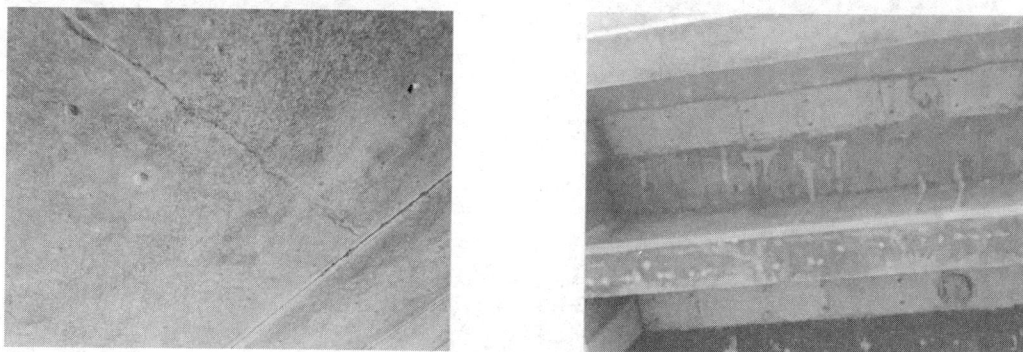

图2-17 梁板弯曲裂缝

（2）弯剪力作用下梁腹板的斜裂缝

位置、方向和性质：常发生于支座到 L/4 跨径之间，出现在梁的侧面，并与梁形成 45°~60° 左右的夹角，裂缝宽度 0.1~0.3 mm，裂缝间距 0.5~1.0 m。

（3）混凝土质量不均引起的沿梁腹板梁高度上的表面裂缝

位置、方向和性质：常见于 T 形梁的腹板侧面上，在半梁高度处常出现枣核形裂缝，间距无规律；裂缝宽度 0.2~0.6 mm，有的达 0.8 mm，常出现于梁的跨中，并垂直于主钢筋，在支座到 L/4 跨径之间，裂缝与主钢筋形成 60° 斜角。

（4）温度变化引起的裂缝

混凝土结构具有热胀冷缩的性质，当结构物发生温变时，混凝土将发生变形，若出现了约束，则会在结构内部产生应力，应力过大超出范围就会产生温度裂缝。引起温度变化主要因素有：桥梁一年的温度是不断变化的，但变化相对缓慢，年温差对桥梁结构的影响主要是导致桥梁的纵向位移；结构在接受日照时，向阳面和背阳面所受的温度不一致，会导致结构局部拉应力较大，出现裂缝；冷空气侵袭等可导致混凝土结构物外表面温度骤然下降，而内部温度变化却较慢，故会产生温度差；施工过程中大体积混凝土水泥水化放热，使得内部温度较高，这样形成内外温度差；养护时措施不当，导致混凝土骤冷骤热，产生温度不均现象；在焊接预迈钢制构件时，由于焊接措施的不当，从而导致烧伤钢制构件附近的混凝土开裂。

（5）收缩引起的裂缝

由于混凝土的塑性收缩、缩水收缩（水分蒸发引起）、自生收缩（水泥与水发生反应引起）、碳化收缩等都可能引起混凝土的体积收缩，当收缩到一定程度时会产生裂缝，混凝土收缩裂缝的特点是大部分属于表面裂缝，宽度较细，无任何规律。

（6）地基变形引起的裂缝

当地基由于荷载的作用或者地质的不均，产生较大的竖向沉降或者不均匀沉降时，使结构产生附加应力，超出混凝土结构的抗拉能力，导致结构开裂。

（7）钢筋锈蚀引起的裂缝

钢筋锈蚀，出现膨胀，导致混凝土沿着主筋延伸方向，出现水平纵向裂缝，严重时其长度可达半跨，裂缝宽度最大可达 4 mm。如图 2-18 所示。

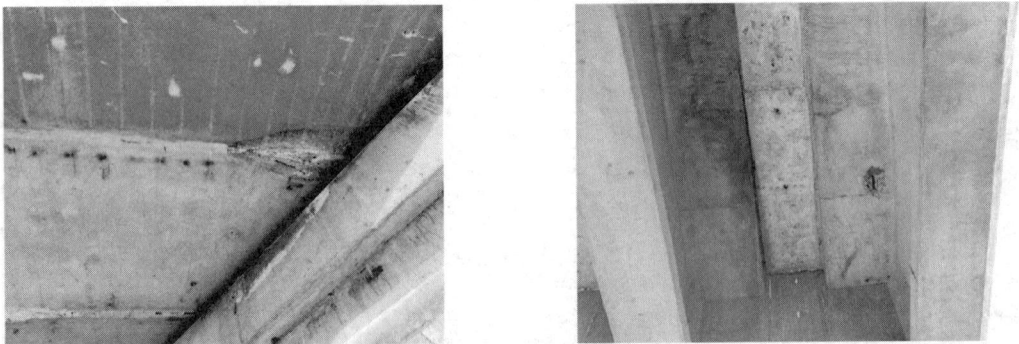

图 2-18　锈胀裂缝

（8）梁体支座处裂缝

由于桥墩发生不均匀沉降、倾斜，或者混凝土局部承压力不够导致支座倾斜、活动支座失灵等，而导致位于支座垫板处的梁体发生斜向裂缝。

2）拱式体系桥的裂缝

（1）跨中部位的裂缝

由于正弯矩的作用，当拱圈截面太薄时，导致拱圈下缘开裂，裂缝主要在跨中 2~3 m 范围内，或 1/4~3/4 范围内，从拱肋底部下边缘向上延伸，缝宽 0.1~0.5 mm，缝长 0.2~0.3 m。

（2）拱脚附近径向裂缝

由于负弯矩的作用或者桥台的水平位移而导致负弯矩的增加，当拱圈截面太薄时，容易在拱脚与拱座之间交接处，发生 1~2 条较宽的裂缝，从上缘向下发展。

（3）拱上建筑的裂缝

由于拱桥拱上建筑结合面较多，在结合面处由于各衔接部件的变形的不协调，会产生裂缝；对于重力型腹拱多数在拱脚和拱顶处产生裂缝；立柱与盖梁、柱座处产生裂缝，侧墙产生开裂等等。

二、桥梁养护

桥梁养护工作应结合桥梁的养护检查等级开展，对桥梁检查中发现的病害指定相应的养护维修方案并及时处治，检查评定发现桥梁承载能力、刚度或稳定性不足时，应按相关技术标准、规范、规程要求进行维修加固。

沥青桥面铺装出现大面积的麻面、骨料松散等，可采用沥青罩面，对于泛油部位应先铣刨再罩面；小面积的麻面可用沥青油砂修补；沥青面层的裂缝可用沥青油灌封；局部坑洞、脱皮可用沥青料补回，可先切割清除病害部分，撒乳化沥青，再填沥青料。

混凝土桥面铺装脱皮露筋、板块缺角等病害先切割病害部分，清洗干净并润湿，再用同标号水泥混凝土等修补；对于已严重损坏、碎裂的混凝土板块，可全部凿除、重装铺装层。

裂缝处治首先应判断裂缝的类别，再根据不同构件、不同部位、不同的裂缝形态选择适当的修补方法、修补材料和修补顺序。

桥梁裂缝常用的修补方法有内部压浆修补、填缝、表面抹灰、凿槽嵌补、表面粘贴和表面喷浆等，如果严重影响了结构的强度和刚度，则需对结构做加固补强。目前常用的裂缝修补方法有两种：环氧胶泥表面封闭裂缝和壁可法灌注裂缝，其中壁可法灌注裂缝包括自动低压渗注法和压力灌注法，壁可法灌注裂缝工艺流程如图 2-19 所示。

裂缝调查 → 基面处理 → 粘贴注浆底座 → 封缝 → 密封检查 → 压力灌浆 → 凿除底座 → 质量检查

图 2-19 壁可法灌注裂缝工艺流程

伸缩缝内杂物要及时清除，缝板震断要及时修复，橡胶碳化或老化要修理更换。伸缩装置养护要求伸缩装置应平整、直顺、伸缩自如，处于良好的工作状态；应经常清除缝内积土、垃圾等杂物，使其发挥正常作用，若有损坏或功能失效应及时修理或更换；更换的情况：U形锌铁皮伸缩装置的锌铁皮老化、开裂、断裂；钢板伸缩装置的钢板变形、翘曲、脱落；橡胶条伸缩装置的橡胶条老化、脱落，固定角钢变形、松动；板式橡胶伸缩装置的橡胶板老化、开裂，预埋螺栓松脱，伸缩失效；伸缩装置的弹性元件或其他连接构件疲劳或失效，影响伸缩装置正常使用。橡胶板式伸缩装置的固定螺栓应每季度保养一次，松动应及时拧紧；橡胶板丢失应及时补上，弹簧(止退)垫不得忽略；模数式伸缩装置的密封橡胶带(止水带)，损坏后应及时更换。密封橡胶带的选择，应满足原设计的规格和性能要求；钢板(梳齿型)伸缩装置的钢板开焊、翘起和脱落时，应及时发现并及时补焊；弹塑体伸缩装置出现脱落、翘起时，应及时清除，并应重新浇筑弹塑体混合料。

栏杆中的小损伤可修补，大损坏应更换；镀锌钢管栏杆要清洗，如有脱皮、锈蚀应重新刷油漆；钢护栏及钢筋混凝土护栏上的外露钢构件应根据环境条件定期涂装；灯具或供电系统老化、损坏应及时更换或维修。

支座出现下列情形之一时，应予以更换：支座的固定锚栓剪断并造成其他构件出现病害；轴承有裂纹或缺口，辊轴大小不合适；混凝土摆柱出现严重开裂、歪斜等；支座上下钢板翘起、断裂；板式橡胶支座出现严重不均匀压缩变形，或发生过大的剪切变形、加劲钢板外露或脱胶、橡胶开裂、老化变质；橡胶隔震类支座橡胶本体被撕裂；小跨径桥梁油毡支座的油毡垫层损坏、掉落、老化；支座滑动面磨损严重，或造成其他构件出现病害；钢支座主要受力部件出现脱焊，钢构件磨损出现陷凹，或出现较大裂缝、牙板折断或辊轴连杆螺丝剪断、支座卡死等；支座存在其他影响桥梁正常运营或结构受力安全的病害。

根据现行相关规范，当支座病害达到一定程度必须顶升更换(图2-20)，支座更换流程包括：搭设工作平台及安全防护措施—梁体、盖梁及支座垫石病害处理—顶升设备及观测设备布设与调试—试顶—同步顶升及观测控制—更换支座—落梁—顶升系统拆除—工作平台及防护措施拆除。

1)搭设工作平台及安全防护措施

工作平台可以利用墩台顶面，如果施工空间不够，需支架搭设，但如为净空较高的桥梁，支架搭设风险和难度都较高，此时可采用吊篮等方式来搭设。

搭设前应对钢管进行筛选，去掉严重锈蚀、严重弯曲裂变的钢管，去掉严重锈蚀、变形、开裂、螺栓螺纹损坏的扣件；支架搭设时应按规范和设计要求进行搭设。

图2-20 支座顶升

2）顶升设备及观测设备布设与调试

设备布设调试前应根据梁体结构自重和活载等计算千斤顶的最大受力，根据千斤顶的行程和支座、支座垫石的厚度等确定千斤顶的规格型号和数量，在主梁底面和盖梁顶面设备放置范围进行找平处理，可涂抹高强度环氧砂浆，铺设钢垫板，待强度达到要求后进行设备布设，并调试。

3）试顶

试顶前应确定好梁体观测人员、液压操控人员、操作观测组，布设好梁体限位装置，试顶前应确认好各顶升点的顶升高度，通过观测设备观测顶升量，试顶升时顶升到试顶高度，持载时间达到要求后卸载，检查系统的控制系统及表观现象，一切正常后进行正式顶升，如有问题应立即解决问题，解决后再次试顶，直至正常。

4）同步顶升及观测控制

顶升宜分级顶升，根据顶升施工方案所确定的预设荷载来加载顶升，同步控制千斤顶上升高度，按施工方案确定的顶升顺序逐个墩台进行顶升，并停止，第一轮全部顶升后继续第二轮，直到施工所需高度，一般稍高于支座厚度，能满足支座安装的要求即可，顶升过程中严格控制顶升高度，精确测量各点的标高值、桥梁偏移情况和伸缩缝间隙。

5）更换支座

取出旧支座前应记录其缺陷情况，取出后对支座垫石进行处理，如支座垫石、盖梁、梁底有缺陷应先进行维修修复，清洁支座垫石表面，调整垫石高程，高程的调整可以采用环氧树脂、钢板等增高或者凿出部分混凝土来降低。

6）落梁

落梁前采取措施防止梁体发生水平位移，开启同步顶升系统，平稳降落梁体，梁体就位后检查支座与垫石、梁底的密贴情况，如有偏心受压、不均匀支撑或脱空等，应重新顶升梁体，微调至全部密贴。

7）顶升系统、工作平台及防护措施拆除

拆除时要注意不能同时上下作业，要对称拆除，按照设备操作规程来拆除。

三、T 形梁桥维修加固实例

1.大桥概况

某跨河大桥，全长 1062 m，由 53 跨简支 T 形梁组成。大桥现状见表 2-1。

表 2-1　大桥现状表

修建年代	1984 年	荷载标准	汽-超 20，挂-120，人群荷载 3.5 kN/m^2
桥全长	1062 m	桥面宽度	1.75+15+1.75＝18.5（m）
桥类型	20 m 普通混凝土 T 形梁	桥净跨径	53 m×20 m
伸缩缝	梳形钢板伸缩缝	下部结构	柱式桥墩，钻孔灌注桩

2. 桥梁病害及分析

(1) 桥梁病害

全桥的 53 孔中,第 4~16 孔及 37~50 孔位于河槽之上,上、下部结构均有不同程度的破损。

① 上部结构

全桥 T 形梁之间的翼缘板联结普遍松动(T 形梁铰接),经过多次砂浆灌缝修补,脱落仍较严重。少部分 T 形梁两端受剪区域混凝土脱落。位于河面上桥孔的大约 100 片 T 形梁损坏严重,腹板底部及侧面保护层脱落,主筋和箍筋锈蚀。全桥横隔板联结普遍存在问题,部分脱焊,保护层剥落,锈蚀严重。不少梁端之间有严重的渗水、漏水现象。T 形梁局部位置有大面积的水碱、泛白现象。

② 桥面系

桥面铺装层多处出现坑槽等病害,桥面连续缝处的沥青混凝土普遍存在破损现象,T 形梁翼缘板相联处普遍存在纵向裂缝。所有连续缝均有不同程度破坏,附近的铺装碎裂或缺失。部分梳形钢板伸缩缝断裂,附近沥青混凝土存在横向开裂等破损现象。部分钢管立柱锈蚀,局部钢管立柱缺失。

(2) 病害原因分析

1) T 形梁受力作用机理

在 T 形梁之间有横向联结的情况下,T 形梁接受上部铺装层传递的荷载后,并非单独承载,而是遵循一定的规律向横向传递。T 形梁之间的联结越强,每片梁承受的荷载就越趋向均匀。如果 T 形梁之间无横向联结或横向联结很弱,那么 T 形梁就近乎单梁受力。

2) 病害原因

大桥破坏的主要原因如下:交通繁重;上部结构单梁受力;普通混凝土开裂,空气中的氯离子引起结构中的钢筋锈胀以及水对混凝土的腐蚀。

① 交通繁重:2003 年交通量为 15899 辆/日(折算后),其中 60t/辆的大港油田拉油车、80t/辆的司泰尔等大型车辆估计占 15%。

② 单梁受力状态:大桥 T 形梁翼板接缝处产生多处裂缝,横隔板开裂,T 形梁横向联结极弱,接近单梁受力状态。

③ 主梁开裂、钢筋锈蚀:当梁承受重载时,由于梁体的局部挠曲过大,导致桥面严重开裂;同时由于频繁超重车辆的通行致使 T 形梁梁端腹板在弯矩与剪力共同作用下产生主拉应力裂缝。这样就导致钢筋与氯离子浓度高、湿度大的空气直接接触,长时间的腐蚀使钢筋锈胀,混凝土保护层脱落,进而更大面积的钢筋外露,形成恶性循环,逐步发展,成为大面积破坏。这是本座桥梁最严重的问题所在。

综上所述,大桥上部结构由于桥梁横向联系薄弱形成单梁受力,主梁裂缝过大导致钢筋锈蚀,重交通加剧了单梁实际承载力的相对下降,桥面铺装层破损。

3. 维修加固方案

(1) T 形梁

① 不改变主体结构,对 T 形梁的翼缘板和横隔板重做湿接头,变铰接为刚接。

T 形梁翼缘板:将翼缘板纵缝两侧各 30 cm 的混凝土凿除,保留原有钢筋,将新钢筋与原有钢筋间隔绑扎或焊接后,吊模板浇筑 C40 微膨胀混凝土,如图 2-21 所示。

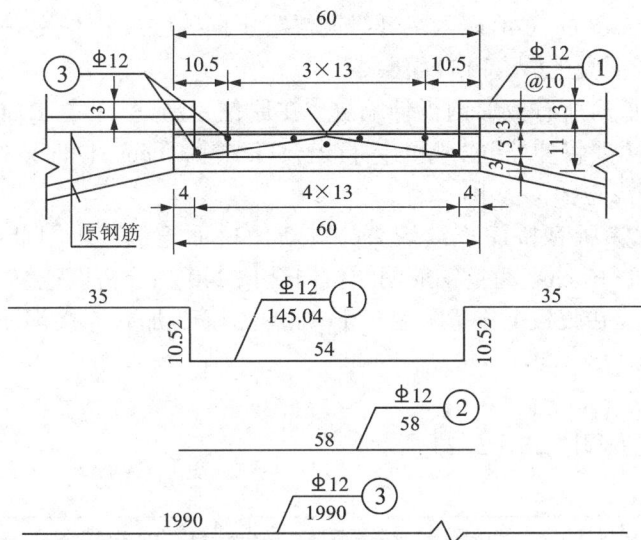

图 2-21 T 形梁翼缘板湿接头(尺寸单位：cm)

T 形梁横隔板：凿除原联结钢板，凿除横隔板接缝两侧各 30 cm 混凝土，保留原有钢筋，将新钢筋与原有钢筋间隔绑扎或焊接后，吊模板浇筑 5 cm 无收缩水泥加固料，如图 2-22 所示。

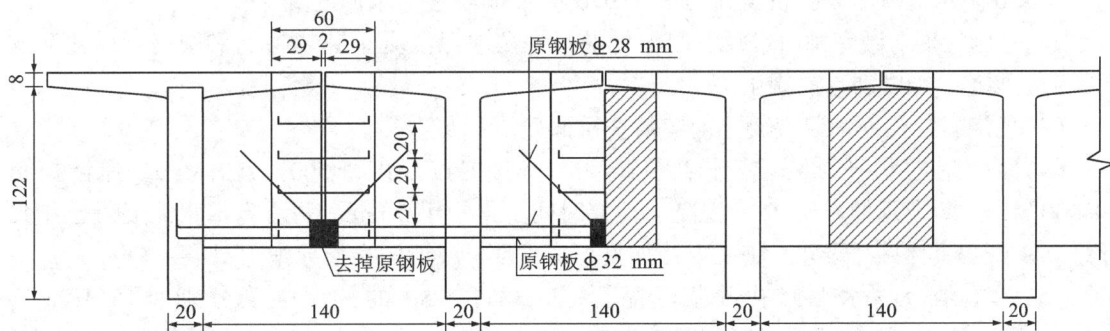

图 2-22 T 形梁横隔板湿接头

②本工程采用半幅施工的方法。为防止车辆荷载产生的振动影响混凝土浇筑及强度形成，必须先将中间第五道翼缘板及横隔板断开，待两半幅施工均完成后，再选择车辆稀少的晚间或全部断交数小时，用 5 cm 灌浆料浇筑该湿接缝，达到设计强度后方可放行通车。T 形梁腹板破损处，均凿除松散的混凝土，对钢筋除锈并涂防锈剂后用修复材料。

③对于其他露筋或碳化部位，均将表层混凝土去除后用修复材料修补。边梁外侧表面以及人行道板悬臂部分用渗透型混凝土保护剂进行涂刷。

（2）桥面系

①桥面铺装：全部凿除原桥面水泥混凝土铺装和沥青混凝土铺装，拆除原桥桥面铺装钢

筋网，新铺直径为 10 mm 的冷轧带肋焊接单层钢筋网，间距为 10 cm×10 cm。维持桥面的 1%
的桥面横坡，重新做 5~8 cm C40 聚丙烯纤维网混凝土铺装层。其上做 YN 防水层，然后铺筑
4 cm 细粒式改性沥青混凝土(AC-13)面层。

②伸缩缝：拆除原桥所有梳形钢板伸缩缝，在原位置新建 11 道 TS80 型模数式伸缩缝。
伸缩缝采用全包式，需要将伸缩缝两侧的人行道板各凿除 10 cm，同时该处的栏杆也拆除，待
伸缩缝施工完后再现浇立柱及扶手。

③桥面连续：拆除所有桥面连续装置，重新做桥面连续，使用 Ⅱ 级钢筋网，直径为
12 mm，间距为 10 cm×10 cm，每道钢筋网顺桥向全长 240 cm，桥面连续共 43 道。对于桥面
连续处的 T 形梁端头，在腹板上方凿除混凝土，露出钢筋，加入连接钢筋，以增加 T 形梁的
连续性。

4. 施工程序

大桥维修加固施工程序如图 2-23 所示。

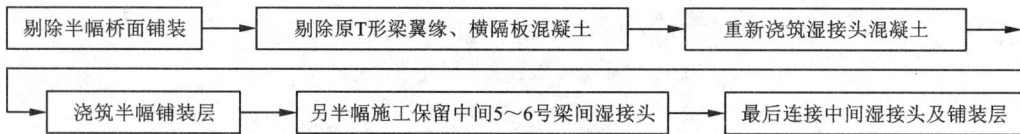

图 2-23　维修加固施工程序

5. 施工技术要求及注意事项

(1)S6 防水混凝土是指抗渗压力大于 0.6 MPa 的不透水水泥混凝土。

(2)在施工时，做完桥面水泥混凝土铺装后，在水泥混凝土铺装层上采用沥青桥面防水
涂料喷涂两遍，再做沥青混凝土。

(3)现浇新的桥面铺装混凝土前应清洗桥面残渣和灰尘。

(4)聚丙烯网状纤维要求：长度 15~25 mm，抗拉强度 ≥560~770 MPa，弹性模量
≥3500 MPa，断裂延伸率≤6%。混凝土搅拌时间不得短于 5 min。每立方米水泥混凝土中掺
纤维 0.9 kg。具体施工要求、施工方法详见厂家说明，或请厂家指导施工。

(5)SCX 聚合物水泥修补砂浆产品要求：3d 和 28d 的抗压强度分别≥15 MPa 和
≥35 MPa，3d 和 28d 的抗折强度分别≥4 MPa 和≥6 MPa，收缩率≤1.0 mm/m。材料表面的
松动、油脂、涂料、封闭膜及其他污染物必须清除，光面凿毛，用水充分湿润界面。搅拌时将
干拌砂浆倒入水中，每公斤干拌砂浆用水量为 130~160 mL。砂浆施工后必须用塑料薄膜覆
盖，防止砂浆脱水过快。防水层施工之前，必须清除混凝土铺装层表面的水泥浆皮及尘土，
然后方可进行刷涂。

(6)SCM 无收缩水泥灌浆料产品要求：3d 和 28d 的抗压强度分别≥30 MPa 和≥60 MPa，与
钢筋的握裹力(28d)≥4 MPa。灌浆前应将基材清理干净，材料表面的松动、油脂、涂料、封
闭膜及其他污染物必须清除，用水充分湿润 12 h，直接加水拌和，水：料=(1~1.5)：10(重
量比)，24~72 h 后拆模，用塑料薄膜覆盖，限制膨胀率(28d)I>0.03%。

(7)本工程所用膨胀混凝土均为补偿收缩性膨胀混凝土，膨胀剂需具备含碱量低、混凝
土的坍落度损失小、流动性能好的特点。建议采用多功能复合膨胀剂。注意应在当日气温较

低时浇筑膨胀混凝土，以免引起裂缝。应限制膨胀率和膨胀剂添加量。

（8）渗透型混凝土保护剂，每平方米的用量为 0.2 L。涂刷面混凝土要求干燥，喷涂应选择温度较低的早上或晚上进行，严禁在气温较高或风速较大时施工。两遍喷涂的时间间隔不大于 1 h。

（9）本工程所有钢筋连接时，必须按有关施工规范绑扎或焊接牢固。

四、实心板桥维修加固实例

某小桥为该二级路改建时新增加的单跨现浇混凝土实心板桥，跨度为 1×8 m，宽度为 8.5 m。桥面板厚 40 cm，采用柱式桥台，直径为 1 m，钻孔桩基础，桩径为 1.1 m，每边各两根。桩基持力层为中风化石英岩。桥面板及桥台材料均为 C30 混凝土，桩基材料为 C25 混凝土。设计荷载为汽-20、挂-100。

该桥在通车一年后，左侧桥面板距路中线约 50 cm 处出现一道较明显的纵向裂缝，对该小桥进行详细勘测发现，除了左侧桥面板靠近路中线处的那道纵向裂缝外，桥面板上表面未出现其它裂缝，但在桥面板底部同一位置上却发现存在裂缝，缝宽 0.2~0.3 mm，也呈纵向布置，由此可判断该裂缝是上下贯通的。对桥面板底部进行细致检查，发现在其它位置还有多条极细微的裂缝，缝宽小于 0.1 mm，均呈纵向布置。对桥台台帽及锥坡进行检查，未发现有裂缝。现场交通量正常，但大型货车较多，且时有超载的违章车辆通过。

根据施工记录，该小桥所使用的混凝土和钢筋各项指标均合格，水泥凝结试验以及掺合料、水、细骨料的试验结果均属正常。施工期间气象条件良好，平均气温 24℃，湿度 60%~85%，混凝土浇灌过程中，天气晴朗，风速较小。桥面板采用整体浇筑，钢筋布设均按图施工，但钢筋搭接恰好处于距路中 50 cm 左右的左侧桥面上。

由地质勘察资料分析，该路段地基地质情况较为一致，未有较大的地质差异，且没有软弱地质层；钻孔桩嵌入中风化石英岩。桥台台帽及锥坡没有出现裂缝，因此可排除因地基不均匀沉降所造成的裂缝。

根据实际使用荷载进行验算，发现原设计桥面板配筋量为承载力要求的 1.5~1.6 倍，偏于安全。但设计图纸中，桥面铺装层采用 4 cm 厚的水泥混凝土，厚度偏薄，且未配置构造钢筋。

综上所述，本例中桥面板裂缝不可能是由温差变化、混凝土干缩及基础不均匀沉降所引起。造成桥面板开裂的主要原因，应该是桥面铺装层过薄，导致桥面板局部受冲击荷载过大，产生应力集中而出现裂缝。我们知道，桥面铺装层即行车道铺装层，亦称桥面保护层，它是车轮直接作用的部分。桥面铺装层的作用在于防止车辆轮胎或履带直接磨耗行车道板，保护主梁（桥板）免受雨水浸湿，并对车辆轮重的集中荷载起分布作用，起到联系各主梁（桥板）共同受力的作用。为使铺装层具有足够的强度和良好的整体性，一般在混凝土中铺设直径为 4~6 mm 的钢筋。

本例中，因为桥面铺装层厚度过薄，且未配置构造钢筋，丧失了保护桥面板的作用，使桥面板直接承受车轮荷载的冲击作用。在车轮荷载频繁冲击的板带，由于动荷载的不断作用而发生应力集中，出现纵向微裂缝；当应力反复作用时，裂缝逐步扩展，从而不断减小承受应力作用的有效面积，最终在车轮荷载反复作用达到一定次数后导致破坏，桥面板出现裂缝。在这种情况下，裂缝会迅速扩展，最后上下贯通，使桥面板失去整体性，承载力不断下降，最终导致破坏，危害性较大，必须及时采取有效的修补措施，控制裂缝的发展，增强桥面板的整体性，保证桥梁的正常使用。

根据桥面板裂缝的成因，可采取以下几种修补处理措施。

1. 桥面铺装层重新铺设

桥面铺装层采用 C40 防水混凝土，路线中心处厚度为 13.6 cm，路边缘处厚度为 8 cm，构造筋采用 φ10@120，提高铺装层的整体强度。严格控制施工质量，桥面板顶面凿毛至露出骨料 3~5 mm，并用高压气泵或水枪清理干净；严格控制混凝土的配合比和坍落度，使混合料具有良好的和易性；混凝土采用低收缩配方，减少收缩开裂。为使桥面铺装层与桥面板紧密结合，使桥面铺装层共同参与受力，同时固定桥面铺装钢筋的位置，采用"植筋"的技术。在桥面板上按 1 m×1 m 的间距钻孔，孔深大于钢筋锚固长度，孔径略大于钢筋直径，前后排孔的布置成梅花状；用高压气泵将孔清理干净后，灌入调配好的环氧树脂胶液，然后植入 φ18 螺纹钢筋，待胶液固化并达到强度后，将植入的钢筋与桥面铺装钢筋牢固焊接后，再浇筑防水混凝土。凿开桥头搭板，重新调整搭板厚度，并铺设构造钢筋，使其与桥面板及桥两侧路面连接顺畅。

2. 裂缝的修补

对于桥面板中间带上下贯通的裂缝，其下部采用钢板黏结施工法进行修补。这种施工法是用环氧树脂把钢板粘贴在桥面板混凝土受拉缘的外表面，使其与原桥面形成整体化，在活载的作用下可作为钢筋来使用。本工程采用 6 mm 厚、100 mm 宽的长条钢板，顺桥方向进行加固。施工时采用液状环氧树脂注入施工法，根据桥面板的平整度，用锚固螺栓预先固定钢板，并使钢板与桥面板表面间保持 2~4 mm 的间隙，然后用腻子状环氧树脂封闭钢板的边缘，再从适当设置在封闭线上及钢板中部的注入口注入环氧树脂，并保持原状使其硬化。

对于桥面板中间带上下贯通的裂缝，其上部采用注入施工法进行处理。沿裂缝 7~8 cm 宽度的范围内，用砂轮机和钢丝刷去除混凝土表面的游离石灰和灰尘等，并用洗净剂清洗，然后加压注入具有渗透性和黏着性的环氧树脂，以此来填充混凝土裂缝，提高桥面板的防水性，防止钢筋锈蚀及混凝土老化。

对桥面板下部宽度小于 0.2 mm 的其它裂缝，采用表面处理法进行修补，在混凝土表面沿裂缝涂抹树脂保护膜。施工时先用钢丝刷除去混凝土表面的附着物，再用清水清洗，经充分干燥后，用油灰状树脂填充混凝土表面的凹瘪部分后，再进行必要的涂抹。

【思考题】

1. 裂缝产生的原因是什么及如何修补？
2. 支座容易出现什么样的病害？
3. 伸缩装置容易出现什么样的病害？
4. 桥梁墩台容易出现什么样的病害？
5. 斜拉桥、悬索桥容易出现什么样的病害？
6. 哪些裂缝是有害裂缝，哪些裂缝是无害裂缝，是否绝对？

第三章　公路桥梁检查与检测

【学习要求】

本单元介绍了公路桥梁养护检查等级，详细介绍了初始检查、日常巡查、经常检查、定期检查和特殊检查、水下检测六种检查类型，说明了桥梁各种检查的主要项目，介绍了检查常用的相应表格，以及检查资料的收集整理要求。同时介绍了桥梁可视性裂缝以及与耐久性有关的强度、氯离子、锈蚀电位等的检测内容和手段、方法，同时由于桥梁钢结构的大量兴起，简述了钢结构常见的检测方法。通过本章的学习，学生重点掌握桥梁检查的内容，了解相应的表格，熟悉检测的方法。

【知识目标】

(1)掌握桥梁检查的主要类型和项目；

(2)理解桥梁检查的具体内容、方法和资料整理要求；

(3)了解桥梁可视性裂缝、强度、锈蚀活化度等有关的检测。

【能力目标】

(1)能准确区分桥梁各检查的目的及工作内容；

(2)能准确描述公路桥梁检测的目的和方法。

桥梁检查可以检验桥梁的结构质量，建立桥梁养护数据库，检定桥梁的实际承载能力等，检查原则为保证重点，养好一般，区别对待；桥梁检查分为初始检查、日常巡查、经常检查、定期检查和特殊检查；根据初始检查、日常巡查、经常检查和定期检查的结果对桥梁进行技术状况评定，确定桥梁的技术状况，选择桥梁的处理方式；根据特殊检查对桥梁进行适应性评定，评定其抗灾能力、通行能力、耐久性及承载能力等。

一、公路桥梁养护检查等级

《公路桥涵养护规范》(JTG 5120—2021)将公路桥梁养护检查等级分为Ⅰ、Ⅱ、Ⅲ级，分级标准如下：

(1)单孔跨径大于150 m的特大桥、特别重要桥梁的养护检查等级为Ⅰ级。

(2)单孔跨径小于或等于150 m的特大桥、大桥，以及高速公路或一、二级公路上的中桥、小桥的养护检查等级为Ⅱ级。

(3)三、四级公路上的中桥、小桥的养护检查等级为Ⅲ级。

(4)技术状况评定为3类的大、中、小桥应提高一级进行检查。

（5）技术状况评定为 4 类的桥梁在加固维修前应按 I 级进行检查。

二、公路桥梁检查

（一）初始检查

初始检查可以判断出桥梁是否存在"先天性"病害。它是新建或改建桥梁交付使用后，对桥梁结构及其附属构件的技术状况进行的首次全面检测，其成果是后期桥梁检查和评定工作的基准，检查应包括下列内容：定期检查需测定的所有项目，设置永久观测点；测量桥梁长度、桥宽、净空、跨径等；测量主要承重构件尺寸，包括构件的长度与截面尺寸等；测定桥面铺装层厚度及拱上填料厚度等；测定桥梁材质强度、混凝土结构的钢筋保护层厚度；养护检查等级为 I 级的桥梁，通过静载试验测试桥梁结构控制截面的应力、应变、挠度等静力参数，计算结构校验系数；通过动载试验测定桥梁结构的自振频率、冲击系数、振型、阻尼比等动力参数；有水中基础，养护检查等级为 I、II 级的桥梁，应进行水下检测；测量缆索结构的拉索索力及吊杆索力，测试索夹螺栓紧固力等；检测钢管混凝土拱桥钢管内混凝土密实度；当交、竣工验收资料中已经包含上述检查项目或参数的实测数据时，可直接引用。

初始检查后应提交技术状况评定报告。技术状况评定报告应包括下列内容：桥梁基本状况卡片（见表 3-1）、桥梁初始检查记录表（见表 3-2）、桥梁定期检查记录表、桥梁技术状况评定表；典型缺损和病害的照片、文字说明及缺损分布图，缺损状况的描述应采用专业标准术语，说明缺损的部位、类型、性质、范围、数量和程度等；三张总体照片，包括桥面正面照片一张，桥梁两侧立面照片各一张；检查内容的成果及养护建议。

表 3-1 桥梁基本状况卡片表

A 桥梁所处行政区划代码							
B 行政识别数据							
1	路线编号		2	路线名称		3	路线等级	
4	桥梁编号		5	桥梁名称		6	桥位桩号	
7	功能类型	（公路、公铁两用）	8	被跨越道路（通道）名称		9	被跨越道路（通道）桩号	
10	设计荷载		11	桥梁坡度		12	桥梁平曲线半径	
13	建成时间		14	设计单位		15	施工单位	
16	监理单位		17	业主单位		18	管养单位	
C 桥梁技术指标							
19	桥梁全长/m		20	桥面总宽/m		21	车道宽度/m	
22	人行道宽度/m		23	护栏或防撞墙高度/m		24	中央分隔带宽度/m	

续表3-1

25	桥面标准净空/m		26	桥面实际净空/m		27	桥下通航等级及标准净空/m	
28	桥下实际净空/m		29	引道总宽/m		30	引道线形或曲线半径/m	
31	设计洪水频率及其水位		32	历史洪水位		33	设计地震动峰值加速度系数	
34	桥面高程/m		（根据测点设置列数）					

D 桥梁结构信息

35	桥梁分孔/m	[根据孔数（号）设置列数]
36	结构体系	（根据种类设置列数）

上部结构形式与材料	37	主梁	
	38	主拱圈	
	39	桥(索)塔	
	40	拱上建筑	
	41	主缆	
	42	斜拉索(含索力)	（根据索数设置列数）
	43	吊杆(含索力)	（根据吊杆数设置列数）
	44	系杆(含索力)	（根据系杆数设置列数）
桥面与附属设施	45	桥面铺装	
	…	…	
	59	调治构造物	

E 桥梁档案资料

60	设计图纸	（全、不全或无）	61	设计文件	（全、不全或无）	62	竣工图纸	（全、不全或无）
63	施工文件（含施工缺陷处理）	（全、不全或无）	64	验收文件	（全、不全或无）	65	行政审批文件	（全、不全或无）
66	定期检查资料	（全、不全或无）	67	特殊检查资料	（全、不全或无）	68	历次维修、加固资料	（全、不全或无）
69	其他档案	（如计算书、专题研究报告、地质水文勘测报告等相关文件）	70	档案形式	（纸质、电子文件）	71	建档时间	（年/月）

F 桥梁检测评定历史(根据需要设置行数)

72	73	74	75	76
评定时间	检测类别	桥梁技术状况评定结果/特殊检查结论	处治对策	下次检测时间

G 养护处治记录(根据需要设置行数)

77	78	79	80	81	82	83	84	85	86	87
时间 (段)	处治类别 (维修、加固、改造)	处治 原因	处治 范围	工程 费用 (万元)	经费 来源	处治质 量评定	建设 单位	设计 单位	施工 单位	监理 单位

H 需要说明的事项(含桥梁管养单位的变更情况)

88	

I 其他

89	桥梁总体照片	(照片)	90	桥梁正面照片	(照片)

91	桥梁工程师		92	填卡人		93	填卡日期	年 月 日

表 3-2　桥梁初始检查记录表

（公路管理机构名称）

1 路线编号		2 路线名称		3 桥位桩号	
4 桥梁编号		5 桥梁名称		6 被跨越道路（通道）名称	
7 被跨越道路（通道）桩号		8 桥梁全长/m		9 最大跨径/m	
10 上、下部结构形式					
11 桥梁分联及跨径组合					
12 桥梁施工方法					
13 新建桥梁在施工过程中的返工、维修或加固情况					
14 加固改造后的桥梁,加固改造情况					
15 档案资料不齐全的桥梁,维修加固情况					
16 设计单位名称		17 施工单位名称			
18 管养单位名称		19 交工时间（　年月日）			
20 初始检查（　年月日）		21 初始检查时的气候及环境温度			
22 桥面高程					
23 拱轴线					
24 主缆线形					
25 墩、台身、锚碇的高程					

（公路管理机构名称）

26 墩、台身、索塔倾斜度	
27 索塔水平变位、高程	
28 拱桥桥台、悬索桥锚碇水平位移	
29 悬索桥索夹螺栓紧固力	
30 水中基础	
31 斜拉索或吊杆索力	
32 主要承重构件尺寸	
33 材质强度	
34 保护层厚度	
35 钢管混凝土管内混凝土密实度	
36 静载试验结果	
37 动载试验结果	

38 记录人		39 桥梁工程师	
40 桥梁初始检查机构			

（二）日常巡查

日常巡查是对桥面及以上部分的桥梁构件、结构异常变位和桥梁安全保护区的日常巡视和目测检查。

巡察频率：养护检查等级为Ⅰ、Ⅱ级的桥梁，日常巡查每天不应少于1次；对有特殊照明需求（功能性及装饰性照明、航空航道指示灯等）的桥梁，应适当开展夜间巡查；养护检查等级为Ⅲ级的桥梁，日常巡查每周不应少于1次；遇地震、地质灾害或极端气象时应增加检查频率。日常巡查可以乘车目测为主，并应做巡检记录，发现明显缺损和异常情况应及时上报。

主要检查内容：桥路连接处是否异常；桥面铺装、伸缩缝是否有明显破损；伸缩缝位置的桥面系是否存在异常；栏杆或护栏等有无明显缺损；标志标牌是否完好；桥梁线形是否存在明显异常；桥梁是否存在异常的振动、摆动和声响；桥梁安全保护区是否存在侵害桥梁安全的情况。

(三) 经常检查

经常检查是抵近桥涵结构，采用目测结合辅助工具对桥面系、上部结构、下部结构和附属设施表观状况进行的周期性检查。

经常检查频率：养护检查等级为Ⅰ级的桥梁，经常检查每月不应少于1次；养护检查等级为Ⅱ级的桥梁，经常检查每两个月不应少于1次；养护检查等级为Ⅲ级的桥梁，经常检查每季度不应少于1次；在汛期、台风、冰冻等自然灾害频发期，应提高经常检查频率；养护检查等级为Ⅱ、Ⅲ级的桥梁，在定期检查中发现存在4类构件时，加固处治前应提高经常检查频率；对支座的经常检查每季度不应少于1次。

经常检查应现场填写"桥梁经常检查记录表"见表3-3，经常检查中发现桥梁重要部件缺损严重，应及时上报。经常检查应包括下列内容：桥梁结构有无异常的变形和振动及其他异常状况；外观是否整洁，构件表面是否完好，有无损坏、开裂、剥落、起皮、锈迹等；混凝土主梁裂缝是否有发展，箱梁内是否有积水。钢结构主梁抽查焊缝有无开裂；螺栓有无松动或缺失；斜拉索、吊杆(索)、系杆等索结构锚固区的密封设施是否完好，有无积水或渗水痕迹，密封材料等有无老化和开裂；主缆最低点是否渗水；索鞍是否有异常的位移、卡死、辊轴歪斜以及构件锈蚀、破损；鞍座混凝土是否开裂；支座是否有明显缺陷，使用功能是否正常；桥面铺装是否存在病害；伸缩缝是否堵塞、卡死，连接部件有无松动、脱落、局部破损；人行道、缘石有无破损、剥落、裂缝、缺损和松动；栏杆、护栏有无破损、缺失、锈蚀、移动或错位；排水设施有无堵塞和破损；墩台有无明显的倾斜、损伤、开裂及是否受到车、船或漂流物撞击而受损；基础有无冲刷、损坏、悬空；墩台与基础是否受到生物腐蚀；翼墙(侧墙、耳墙)、锥坡、护坡、调治构造物有无缺损、开裂、沉降和塌陷；悬索桥锚碇是否存在渗水、积水；交通信号、标志、标线、照明设施以及桥梁其他附属设施是否完好、正常工作；永久观测点及标志点是否完好。桥梁永久观测点设置及检测项目应符合下列规定。

表3-3 桥梁经常检查记录表

公路管理机构名称：

1 路线编号		2 路线名称		3 桥位桩号	
4 桥梁编号		5 桥梁名称		6 被跨越道路名称	
7 桥梁全长/m		8 主跨结构		9 最大跨径/m	
10 管养单位		11 建成时间		12 上次修复养护时间	
13 上次检查时间		14 本次检查时间		15 本次检查时气候及环境温度	

续表3-3

序号	16 部位	17 部件名称	18 评分	19 缺损					20 养护建议（维修范围、方式、时间）	21 是否需特殊检查
				类型	位置	范围	照片	最不利构件		
1	桥面系	桥面铺装								
2		伸缩装置								
3		排水系统								
4		人行道								
5		栏杆、护栏								
6		照明、标志								
7		桥路连接处								
8	上部结构	主要承重构件								
9		一般构件								
10	下部结构	桥墩及基础								
11		桥台及基础								
12		翼墙、耳墙								
13		锥坡、护坡								
14		支座								
15	附属设施	防撞设施								
16		防雷设施								
17		防抛网、声屏障								
18		检修设施								
19		监测系统、永久观测点								
20		调治构造物								
21		其他								
22 桥梁技术状况评定等级				23 全桥清洁状况				24 预防及修复养护状况		
25 记录人				26 负责人				27 下次检查时间		

（1）单孔跨径不小于60 m 的桥梁，应设立永久观测点，定期进行控制检测，桥梁检测项目与永久观测点布置要求见表3-4；单孔跨径小于60 m 的桥梁，检测中若发现结构存在异常变形，应进行相应的控制检测。特殊结构桥梁，宜根据养护、管理的需要，增加相应的控制检测项目。

表 3-4　桥梁检测项目与永久观测点

	检测项目	永久观测点
1	桥面高程	每孔不宜少于 10 个点，沿行车道两边(靠缘石处)布设，跨中、L/4、支点等控制截面必须布设
2	墩、台身、锚碇变位	布置于墩、台身底部(距地面或常水位 0.5~2 m)、桥台侧墙尾部顶面和锚碇的上、下游两侧各 1~2 点
3	墩、台身、索塔倾斜度	墩、台身底部(距地面或常水位 0.5~2 m)的上、下游两侧各 1~2 点
4	索塔变位	每个索塔不宜少于 2 个点，索塔顶面、塔梁交接处各 1~2 点
5	主缆线形	每孔不宜少于 10 个点，沿索夹位置布设，主缆最低点和最高点必须布设
6	拱轴线	每孔不宜少于 18 个点，沿拱圈上、下游两侧拱肋中心处在拱顶、L/8、L/4、3L/8、拱脚等控制截面布设
7	拱座变位	不宜少于 2 个点，布设于拱座上、下游两侧
8	悬索桥索夹滑移	桥塔侧第一对吊杆索夹处各设 1 点
9	索鞍与主塔相对变位	索鞍处各设 1 点

（2）桥梁永久观测点的设置应牢固可靠。当测点与国家大地测量网联络有困难时，应建立相对独立的基准测量系统。永久观测点有变动时，应及时检测、校准及换算，保持数据的有效和连续。

（3）设置永久观测点后，应绘制永久观测点平面布置图，并在图中明确基准点位置。

（4）桥梁主体结构维修、加固改造前后，应进行控制检测，保持观测资料的连续性。

（5）应设而没有设置永久观测点的桥梁，应在定期检查时按规定补设。测点的布设和首次检测的时间及检测数据等，应按要求归档。

（6）特大桥、大桥、中桥的墩台旁，必要时可设置水尺或标志，以观测水位和冲刷情况。

（四）定期检查

定期检查是对桥涵总体技术状况进行的周期性检查及技术状况评定。

定期检查的周期：养护检查等级为Ⅰ级的桥梁，定期检查周期不得超过 1 年；养护检查等级为Ⅱ、Ⅲ级的桥梁，定期检查周期不得超过 3 年。

定期检查应接近各部件仔细检查其缺损情况，并应符合下列规定：现场校核桥梁基本数据，填写或补充完善"桥梁基本状况卡片"；现场填写"桥梁定期检查记录表"，记录各部件缺损状况并绘制主要病害分布图；对桥梁永久观测点进行复核，对桥面高程及线形、变位等检测指标进行量测；判断病害原因及影响范围；进行技术状况评定，提出养护建议。

桥面系的检查应包括下列内容：桥面铺装层纵、横坡是否顺适，有无严重的龟裂、纵横裂缝，有无坑槽、拥包、拱起、剥落、错台、磨光、泛油、变形、脱皮、露骨、接缝料损坏、桥头跳车等现象；伸缩缝是否有异常变形、破损、脱落、漏水、失效，锚固区有无缺陷，是否存在明显的跳车；人行道有无缺失、破损等；栏杆、护栏有无缺失、破损等；防排水系统是否顺畅，泄水管、引水槽有无明显缺陷，桥头排水沟功能是否完好；桥上交通信号、标志、标线、照明设施是否损坏、失效。

混凝土梁桥上部结构检查应包括下列内容：混凝土构件有无开裂及裂缝是否超限，有无渗水、蜂窝、麻面、剥落、掉角、空洞、孔洞、露筋及钢筋锈蚀；主梁跨中、支点及变截面处、悬臂端牛腿或中间铰部位，刚构的固结处和桁架的节点部位，混凝土是否开裂、缺损，钢筋有无锈蚀；预应力钢束锚固区段混凝土有无开裂，沿预应力筋的混凝土表面有无纵向裂缝；桥面线形及结构变位情况；混凝土碳化深度、钢筋锈蚀检测；主梁有无积水、渗水，箱梁通风是否良好；组合梁的桥面板与梁的结合部位及预制桥面板之间的接头处混凝土有无开裂、渗水；装配式梁桥的横向连接构件是否开裂，连接钢板的焊缝有无锈蚀、断裂。

钢桥上部结构检查应包括下列内容：构件涂层劣化情况；构件锈蚀、裂缝、变形、局部损伤；焊缝开裂或脱开；铆钉和螺栓松动、脱落或断裂；结构的跨中挠度、结构变位情况；钢箱梁内部湿度是否符合要求，除湿设施是否工作正常。

钢-混凝土组合梁桥和混合梁桥的检测，尚应包括下列内容：桥面板与梁的结合部位有无纵向滑移、开裂；预制桥面板之间的接头处混凝土有无开裂、压溃、渗水、错位；混凝土梁段与钢梁段结合处构造功能是否正常，接合面有无脱开、渗漏、错位、承压钢板变形等。

拱桥上部结构检查应符合下列规定：主拱圈是否变形、开裂、渗水，拱脚是否发生位移；圬工拱桥拱圈的灰缝有无松散、剥离或脱落，砌块有无风化、断裂、压碎、局部掉块、脱落；钢筋混凝土拱桥的拱圈(片)表观及材质状况检测；钢-混凝土组合拱桥及钢拱桥的钢结构检测；行车道板、横梁、纵梁及拱上立柱(墙)、盖梁、垫梁的混凝土有无开裂、剥落、露筋和锈蚀。空腹拱的腹拱圈有无较大的变形、开裂、错位，立墙或立柱有无倾斜、开裂；拱的侧墙与主拱圈间有无脱落，侧墙有无鼓凸变形、开裂，实腹拱拱上填料有无沉陷，排水是否正常；拱桥的横向联结有无变位、开裂、松动、脱落、断裂、钢筋外露、锈蚀等，连接部钢板有无锈蚀、断裂，双曲拱桥拱波与拱肋结合处是否开裂、脱开，拱波之间砂浆有无松散、脱落，拱波是否开裂、渗水等；劲性骨架的拱桥，混凝土是否沿骨架出现纵向或横向裂缝；吊杆索力有无异常变化。吊杆防护套有无开裂、鼓包、破损，必要时可打开防护套，检查吊杆钢丝涂膜有无劣化，钢丝有无锈蚀、断丝。钢套管有无锈蚀、损坏，内部有无积水；吊杆导管端密封减振设施和其他减振装置有无病害及异常等；逐个检查吊杆锚头及周围锚固区的情况，锚具是否渗水、锈蚀，是否有锈水流出的痕迹，锚固区是否开裂。必要时可打开锚具后盖抽查锚杯内是否积水、潮湿，防锈油是否结块、乳化失效，锚杯是否锈蚀。锚头是否锈蚀，镦头或夹片是否异常，锚头螺母位置有无异常；拱桥系杆外部涂层是否劣化，系杆有无松动、锚头、防护罩、钢箱有无锈蚀、损坏。预应力混凝土系杆的检测；钢管混凝土拱桥钢管内混凝土密实度检测，检查频率宜为3~6年1次。

斜拉桥上部结构及索塔的检查应包括下列内容：桥塔有无异常变位，锚固区是否有开裂、水渍，有无渗水现象。混凝土结构有无缺损、裂缝、剥落、露筋、钢筋锈蚀。钢结构涂装是否粉化、脱落、起泡、开裂，钢结构是否锈蚀、变形、裂缝；螺栓是否缺失、损坏、松动；钢与混凝土连接是否完好；拉索索力有无异常变化，观测斜拉索线形有无异常；斜拉索防护套有无开裂、鼓包、破损、老化变质，必要时可以打开防护套，检查斜拉索的钢丝涂层劣化、破损、锈蚀及断丝情况；逐个检查锚具及周围锚固区的情况，锚具是否渗水、锈蚀，是否有锈水流出的痕迹，锚固区是否开裂。必要时可打开锚具后盖抽查锚杯内是否积水、潮湿，防锈油是否结块、乳化失效，锚杯是否锈蚀。锚头是否锈蚀、开裂，镦头或夹片是否异常，锚头螺母位置有无异常；主梁的检测，还应检查梁体拉索锚固区域的混凝土结构是否开裂、渗水，钢结构是否有裂纹、锈蚀、渗水；钢护筒是否脱漆、锈蚀，钢护筒内有无积水，钢护筒与斜拉索密封是否可靠，橡胶圈是否老化或严重磨损，橡胶圈固定装置有无损坏，阻尼器有无异常变形、松动、漏油、螺栓缺失、结构脱漆、锈蚀、裂缝；桥梁构件气动外形是否发生改变；气动措施和风障是否完好；钢主梁检修车轨道、桥面风障、护栏、栏杆的形状及位置是否发生改变。

悬索桥主要构件的检查应包括下列内容：桥塔有无异常变位，混凝土结构有无缺损、裂缝、剥落、露筋、钢筋锈蚀。钢结构涂装是否粉化、脱落、起泡、开裂，钢结构是否锈蚀、变形、裂缝；螺栓是否缺失、损坏、松动；钢与混凝土连接是否完好；主缆线形是否有变化。主缆防护有无老化、开裂、脱落、刮伤、磨损；主缆是否渗水，缠丝有无损伤、锈蚀，必要时可以打开涂层和缠丝，检查索股钢丝涂膜有无桥梁检查、监测与评定劣化，钢丝有无锈蚀、断丝。锚头防锈漆是否粉化、脱落、开裂，抽查锚头防锈油是否干硬、失效，锚头是否锈蚀、开裂，镦头或夹片是否异常，锚头螺母位置有无异常；吊索索力有无异常变化；吊索防护套有无裂缝、鼓包、破损，必要时可以打开防护套，检查吊索钢丝涂膜有无劣化，钢丝有无锈蚀、断丝。钢套管有无锈蚀、损坏，内部有无积水；吊索导管端密封减振设施和其他减振装置有无病害及异常等；逐个检查吊索锚头及周围锚固区的情况，锚具是否渗水、锈蚀，是否有锈水流出的痕迹，锚固区是否开裂。必要时可打开锚具后盖抽查锚杯内是否积水、潮湿，防锈油是否结块、乳化失效，锚杯是否锈蚀。锚头是否锈蚀、开裂，镦头或夹片是否异常，锚头螺母位置有无异常；索夹螺栓有无缺失、损伤、松动；索夹有无错位、滑移；索夹面漆有无起皮脱落，密封填料有无老化、开裂；索夹外观有无裂缝及锈蚀；测试索夹螺栓紧固力；加劲梁的检测；主索鞍、散索鞍上座板与下座板有无相对位移、卡死、辊轴歪斜，鞍座螺杆、锚栓有无松动现象。鞍座内密封状况是否良好。索鞍有无锈蚀、裂缝，索鞍涂装有无粉化、裂缝、起泡、脱落，主缆和索鞍有无相对滑移；锚碇外观有无明显病害，如裂缝、空洞等；锚碇有无沉降、扭转及水平位移。锚室顶板、侧墙表面状况是否完好。锚室内有无渗漏水，是否积水，温湿度是否符合要求；除湿设备运行是否正常；索股锚杆涂层是否完好，有无锈蚀、裂纹病害；桥梁构件气动外形是否发生改变；气动措施和风障是否完好；钢主梁检修车轨道、桥面风障、护栏、栏杆的形状及位置是否发生改变。

支座的检查应包括下列内容：支座是否缺失。组件是否完整、清洁，有无断裂、错位、脱空；活动支座实际位移量、转角量是否正常，固定支座的锚销是否完好；橡胶支座是否老化、开裂，有无位置串动、脱空，有无过大的剪切变形或压缩变形，各夹层钢板之间的橡胶层外凸是否均匀；四氟滑板支座是否脏污、老化，聚四氟乙烯板是否磨损、是否与支座脱离、是否倒置；盆式橡胶支座的固定螺栓是否剪断，螺母是否松动，钢盆外露部分是否锈蚀，防尘罩是否完好，抗震装置是否完好；组合式钢支座是否干涩、锈蚀，固定支座的锚栓是否紧固，销板或销钉是否完好。钢支座部件是否出现磨损、开裂；摆柱支座各组件相对位置是否准确。混凝土摆柱的柱体有无破损、开裂、露筋。钢筋及钢板有无锈蚀。活动支座滑动面是否平整；辊轴支座的辊轴是否出现爬动、歪斜。摇轴支座是否倾斜。轴承是否有裂纹、切口或偏移；球型支座地脚螺栓有无剪断、螺纹有无锈死，支座防尘密封裙有无破损，支座相对位移是否均匀，支座钢组件有无锈蚀；支承垫石是否开裂、破损；简易支座的油毡是否老化、破裂或失效；支座螺纹、螺帽是否松动，锚螺杆有无剪切变形，上下座板（盆）的锈蚀状况；支座封闭材料是否老化、开裂、脱落。

桥梁墩台及基础的检查应包括下列内容：墩身、台身及基础变位情况；混凝土墩身、台身、盖梁、台帽及系梁有无开裂、蜂窝、麻面、剥落、露筋、空洞、孔洞、钢筋锈蚀等；墩台顶面是否清洁，有无杂物堆积，伸缩缝处是否漏水；圬工砌体墩身、台身有无砌块破损、剥落、松动、变形、灰缝脱落，砌体泄水孔是否堵塞；桥台翼墙、侧墙、耳墙有无破损、裂缝、位移、鼓肚、砌体松动。台背填土有无沉降或挤压隆起，排水是否畅通；基础是否发生冲刷或淘空现象，地基有无侵蚀。水位涨落、干湿交替变化处基础有无冲刷磨损、颈缩、露筋，有无开裂，是否受到腐蚀；锥坡、护坡有无缺陷、冲刷。

附属设施检查应包括下列内容：养护检修设施是否完好；减振、阻尼装置是否完好；墩台防撞设施是否完备；桥上避雷装置是否完好；桥上航空灯、航道灯是否完好，能否保证正常照明。桥面照明及结构物内供养护检修的照明系统是否完好；防抛网、声屏障是否完好；结构监测系统仪器设备工作是否正常；除湿设备工作是否正常。

河床及调治构造物的检查应包括下列内容：桥位段河床有无明显冲淤或漂流物堵塞现象，有无冲刷及变迁状况。河底铺砌是否完好；调治构造物是否完好，功能是否适用；定期检查中发现的各种缺损应在现场将其范围、分布特征、程度及检测日期标记清楚。对3、4、5类桥梁及有严重缺损的构件，应作影像记录，并附病害状况说明。

定期检查后提交检查报告，应包括下列内容：桥梁基本状况卡片、桥梁定期检查记录表、桥梁技术状况评定表；典型缺损和病害的照片、文字说明及缺损分布图，缺损状况的描述应采用专业标准术语，说明缺损的部位、类型、性质、范围、数量和程度等；三张总体照片，包括桥面正面照片一张，桥梁两侧立面照片各一张；判断病害原因及影响范围，并与历次检查报告进行对比分析，说明病害发展情况；桥梁的技术状况评定等级；提出养护建议及下次检查时间。对需限制交通或关闭的桥梁应及时报告并提出建议。

（五）特殊检查

特殊检查是对桥梁承载能力、抗灾能力、耐久性能、水中基础技术状况进行的一项或多项检查与评定，以及对定期检查中难以判明病害成因及程度的桥梁进行的检查。需要做特殊检查的桥梁有：定期检查中难以判明构件损伤原因及程度的桥梁；拟通过加固手段提高荷载等级的桥梁；需要判明水中基础技术状况的桥梁；遭受洪水、流冰、滑坡、地震、风灾、火灾、撞击，因超重车辆通过或其他异常情况影响造成损伤的桥梁。

特殊检查应根据检测目的、病害情况和性质，采用仪器设备进行现场测试和其他辅助试验，针对桥梁现状进行检算分析，形成评定结论，提出建议措施。

实施特殊检查前，应充分收集桥梁设计资料、竣工资料、材料试验报告、施工资料、历次检测报告及维修资料等，并现场复核。

特殊检查应包括下列一项或多项内容：材料的物理、化学性能及其退化程度的测试鉴定；结构或构件开裂状态的检测及评定；结构的强度、刚度和稳定性的检算、试验和鉴定；桥梁抵抗洪水、流冰、风、地震及其他灾害能力的检测鉴定；桥梁遭受洪水、流冰、滑坡、地震、风灾、火灾、撞击，因超重车辆通过或其他因素造成损伤的检测鉴定；水中墩台身、基础的缺损情况的检测评定；定期检查中发现的较严重的开裂、变形等病害，应进行跟踪观测，预测其发展趋势。

　　特殊检查后应提交检查报告。检查报告应包括下列内容：桥梁基本状况信息；特殊检查的总体情况概述，包括桥梁的基本情况、检测的组织、时间、背景、目的和工作过程等；现场调查、检测与试验项目及方法的说明；详细描述检测部位的损坏程度并分析原因；桥梁结构特殊检查评定结果；填写"桥梁特殊检查记录表"；提出结构部件和总体的维修、加固或改建的建议。

表 3-5　桥梁梁式桥特殊检查记录表

公路管理机构名称：

1 路线编号		2 路线名称		3 桥位桩号	
4 桥梁编号		5 桥梁名称		6 被跨越道路（通道）名称	
7 桥梁全长/m		8 上部结构形式		9 最大跨径/m	
10 管养单位		11 建成时间		12 上次检测时间	
13 上次特殊检查项目					
14 本次特殊检查时间（年 月 日）			15 检查时的气候及环境温度		
16 本次特殊检查类型	（承载力检测、水下检测、抗灾能力检测、灾后检测、耐久性检测等）				
检测项目	检测结果				
（可根据需要自行增加行数）					
评定结论					
记录人		负责人			
特殊检查完成机构					

（六）水下检测

有水中基础，养护检查等级为Ⅰ、Ⅱ级的桥梁，应进行水下检测。

公路桥梁水下构件检测一般包括表观缺陷，基础冲刷及淘空、河床断面测量等内容。检测人员需要同时具备桥梁工程试验检测和水下工程检测要求的资格和能力。

表观缺陷检测采用潜水员、水下机器人或其他专用平台抵近水下构件进行检测。基础冲刷及淘空检测一般在枯水期进行，采用测深仪、测深杆、测深锤。水底树林和杂草丛生水域不宜使用测深仪。

河床断面测量设置的基准点应牢固可靠，测线布置与桥梁走向平行，布置在桥墩外缘线上、下游 10~20 m 范围内。

三、桥梁常见的检测

可视性裂缝检测包括长度检测、宽度检测和深度检测，其中长度检测一般采用普通的卷尺，宽度检测一般采用裂缝测宽仪、裂缝尺等，测宽时千分表需垂直于裂缝布置；深度检测一般用超声波无损检测。修补方法有表面涂抹法（涂抹砂浆或环氧胶泥）、表面嵌槽修补法、表面贴条法、压力注浆法、开槽填补法等。

混凝土强度检测评定分类包括结构或构件的强度检测评定和承重构件的主要受力部位的强度检测评定，评定方法常用的有回弹、超声回弹、钻芯取样等，原则上对结构不采取破损检测，但在其他方法不能准确评定结构（构件）或承重构件主要受力部位的混凝土强度时，应采用取芯法或取芯法结合其他方法综合评定。回弹法是用弹簧驱动重锤，通过弹击杆弹击混凝土表面，并测出重锤被反弹回来的距离，以回弹值来推定混凝土强度的一种方法，由于测量在混凝土表面进行，所以应属于表面硬度法的一种，混凝土的强度越低，回弹值就越小。超声回弹综合法采用超声仪和回弹仪，在结构混凝土同一测区分别测量声时值和回弹值，然后利用已建立起来的测强公式推算该测区混凝土强度。钻芯法检测混凝土强度是从混凝土结构物中钻取芯样来测定混凝土的抗压强度，是一种直观准确的方法，在结构上钻、截取试件时，应尽量选择承重构件的次要部位或次要承重构件，并应采取有效措施，确保结构安全。钻、截取试件后，应及时进行修复或加固处理。

钢筋锈蚀可采用半电池电位法，利用混凝土中钢筋锈蚀的电化学反应引起的电位变化来测定钢筋锈蚀状态，通过测定钢筋/混凝土半电池电极与在混凝土表面的铜/硫酸铜参考电极之间电位差的大小，来评定混凝土中钢筋的锈蚀活化程度。

结构混凝土中氯离子含量的测定方法有试验室化学分析法和滴定条法，其中滴定条法可在现场完成。在电位水平不同部位，工作环境条件、质量状况有明显差异的部位参考钢筋锈蚀的结果来布置测区，氯离子含量越高，则钢筋锈蚀的可能性越大，同时根据不同深度的氯离子的含量可以判断氯离子是施工时就存在的先天问题还是后期的入侵。

应对可能存在钢筋锈蚀活动的区域（钢筋锈蚀电位评定标度值为 3、4、5）进行混凝土碳化深度测量，在混凝土新鲜断面喷洒酸碱指示剂，通过观察酸碱指示剂颜色变化来确定混凝土碳化深度，待酚酞指示剂变色后，用测深卡尺测量混凝土表面至酚酞变色交界处的深度，准确至 1 mm。酚酞指示剂从无色变为紫色时，混凝土未碳化，酚酞指示剂未改变颜色处的混凝土已经碳化。

混凝土的电阻率反映其导电性，如果混凝土电阻率大，则钢筋发生锈蚀的发展速度慢，扩散能力弱，应根据钢筋锈蚀电位测量结果确定，对经钢筋锈蚀电位测试结果表明钢筋可能锈蚀活化的区域，应进行混凝土电阻率测量，混凝土电阻率可采用四电极阻抗测量法测定，混凝土表面应清洁、无尘、无油脂，必要时可去掉表面碳化层，测量时探头应垂直置于混凝土表面，并施加适当的压力。

超声法检测混凝土缺陷可根据超声波在混凝土中传播时遇到缺陷的绕射现象，按声时和声程的变化来判别和计算缺陷的大小，依据超声波在缺陷界面上的反射，及抵达接收探头时能量显著衰减的现象，来判别缺陷的存在和大小，依据超声波脉冲各频率成分在遇到缺陷时不同程度地衰减，从而造成接收频率明显降低，或接收波频谱与反射波频谱产生差异，来判别内部缺陷，根据超声波在缺陷处波形转换和叠加，造成波形畸变的现象来判别缺陷，可用厚度振动式换能器进行平面测试，用径向振动式换能器进行钻孔测试。

桥梁检测车可以用于观测桥梁在荷载作用下的变位，可以在桥梁关键位置布置监测点，对监测点进行检测，可以把检测人员送至难以到达的监测、检测点进行检测。

钢结构试验检测包括构件焊接质量检验和钢结构无损检测，构件焊接质量包括外观检测、焊缝尺寸等检测，钢结构无损检测方法包括超声波检测、射线探伤、磁粉检测和渗透检测等，其中超声波检测可以检测内部缺陷，钢有效探测深度可达 1 m 以上，射线探伤是利用射线可穿透物质和在物质中有衰减的特性来发现缺陷的一种探伤方法，也可以探测内部缺陷，磁粉检测用来检测铁磁性材料和构件(包括铁、镍、钴等)表面上或近表面的裂纹以及其他缺陷，渗透检测法检查表面缺陷，表面多孔性材料不合适。

【思考题】

1. 桥梁检查的种类有哪些？
2. 桥梁检查的主要项目有哪些？
3. 桥梁耐久性检测的内容有哪些？
4. 钢结构检测的方法有哪些？
5. 可视性裂缝检测的内容和方法有哪些？

第四章 桥梁技术状况评定

【学习要求】

本单元介绍了公路桥梁技术状况评定，介绍了桥梁技术状况评定流程，说明了5类桥梁技术状况单项控制指标，介绍了桥梁技术状况等级分类，同时重点介绍了分层综合评定中构件、部件、上部结构、下部结构、桥面系和桥梁总体技术状况评定的计算方法。通过本章的学习，学生重点掌握桥梁技术状况评定流程和方法。

【知识目标】

(1) 熟悉桥梁技术状况评定的流程；

(2) 掌握桥梁技术状况等级分类；

(3) 掌握桥梁技术状况评定计算。

【能力目标】

能根据桥梁病害调查结果，对公路桥梁构件、部件、结构和总体技术状况进行评定，并判断其技术状况等级。

一、桥梁技术状况评定流程

桥梁评定分为一般评定和适应性评定，一般评定是依据桥梁初始检查、定期检查资料，通过对桥梁各部件技术状况的综合评定，确定桥梁的技术状况等级，提出养护措施。一般评定由负责定期检查者进行，即为技术状况评定。

公路桥梁技术状况评定应采用分层综合评定与5类桥梁单项控制指标相结合的方法，具体判定流程如图4-1。

桥梁构件为组成桥梁结构的最小单元，如一片梁、一个桥墩等；桥梁部件为结构中同类构件的统称，如梁、桥墩等。

当单座桥梁存在不同结构形式时，可根据结构形式的分布情况划分评定单元，分别对各评定单元进行桥梁技术状况的等级评定，然后取最差的一个评定单元技术状况等级作为全桥的技术状况等级。

5类桥梁技术状况单项控制指标，在桥梁技术状况评价中，有下列情况之一时，整座桥应评为5类桥：

(1) 上部结构有落梁；或有梁、板断裂现象。

(2) 梁式桥上部承重构件控制截面出现全截面开裂；或组合结构上部承重构件结合面开

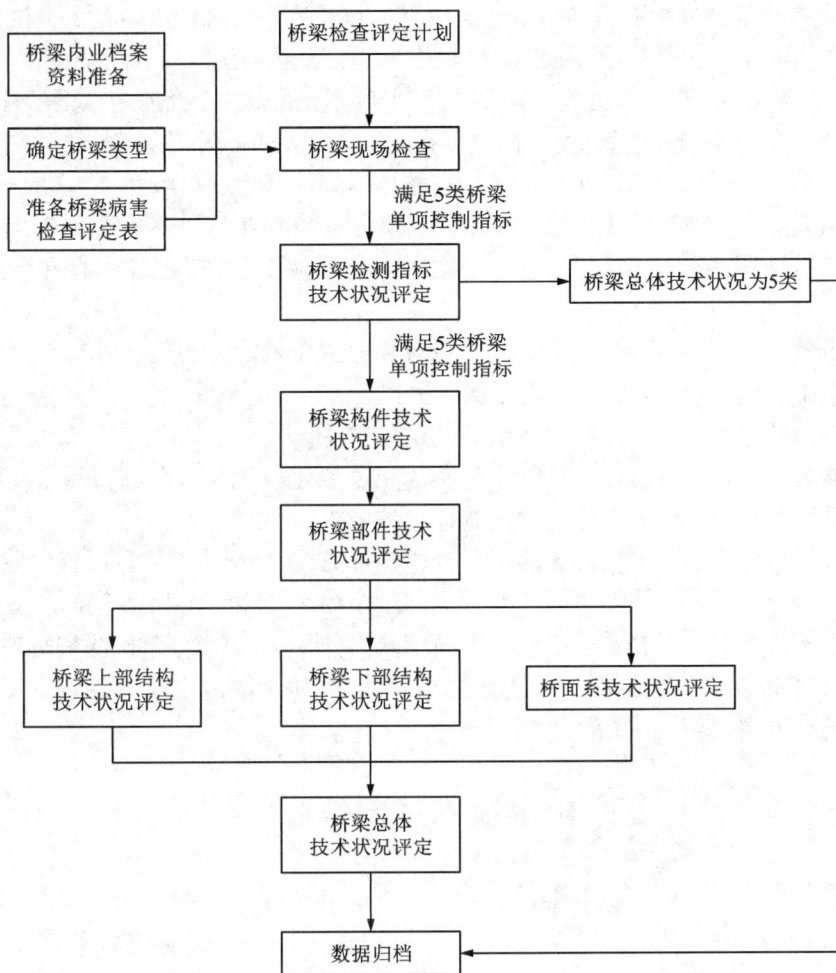

图 4-1 桥梁技术状况评定流程

裂贯通,造成截面组合作用严重降低。

(3)梁式桥上部承重构件有严重的异常位移,存在失稳现象。

(4)结构出现明显的永久变形,变形大于规范值。

(5)关键部位混凝土出现压碎或杆件失稳倾向;或桥面板出现严重塌陷。

(6)拱式桥拱脚严重错台、位移,造成拱顶挠度大于限值;或拱圈严重变形。

(7)圬工拱桥拱圈大范围砌体断裂,脱落现象严重。

(8)腹拱、侧墙、立墙或立柱产生破坏造成桥面板严重塌落。

(9)系杆或吊杆出现严重锈蚀或断裂现象。

(10)悬索桥主缆或多根吊索出现严重锈蚀、断丝。

(11)斜拉桥拉索钢丝出现严重锈蚀、断丝,主梁出现严重变形。

(12)扩大基础冲刷深度大于设计值,冲空面积达 20%以上。

（13）桥墩（桥台或基础）不稳定，出现严重滑动、下沉、位移、倾斜等现象。

（14）悬索桥、斜拉桥索塔基础出现严重沉降或位移；或悬索桥锚碇有水平位移或沉降。

结构存在缺陷桥梁包括轻型少筋拱桥（双曲拱桥、普通桁架拱桥、刚架拱桥等）、带挂梁结构的桥梁（悬臂梁桥、T形刚构桥等）、结构冗余度不足的桥梁（无加劲纵梁吊杆拱桥、加劲梁刚度达不到冗余需要的稀索斜拉桥等），存在缺陷桥梁的5类单项控制指标如下：

①轻型少筋拱桥结构松散且振动明显，有整体失稳风险；

②普通桁架拱桥、刚架拱桥拱脚发生位移，现浇拼装节点混凝土有脱落或压溃风险；

③无加劲纵梁吊杆拱桥索力严重异常，主拱圈异常变形，锚头、拉索存在严重锈蚀有断裂风险。

桥梁适应性评定可根据需要进行，应委托有相应资质及能力的单位进行。评定工作可与定期检查、特殊检查结合进行，可采用下列方法：

①承载能力评定，可采用分析检算或荷载试验方法。

②通行能力评定，可将设计通行能力与实际交通量进行比较，也可和使用期预测交通量进行比较，评价桥梁能否满足现行或预期交通量的要求。

③抗灾害能力评定，可采用现场测试与分析检算方法，重要桥梁可进行模拟试验。

④耐久性评定，可采用外观耐久状态评定与剩余耐久年限评定相结合的方法。

对适应性不满足要求的桥梁，应采取提高承载力、加宽、加长、基础防护等改造措施，情况严重时应对桥梁进行改建或重建。当整个路段有多个桥梁的适应性不能满足要求时，应结合路线改造进行方案比较和决策。

二、桥梁技术状况等级分类

桥梁部件分为主要部件和次要部件，桥梁总体技术状况评定等级分为1类、2类、3类、4类、5类，主要部件技术状况评定标度分为1类、2类、3类、4类、5类，次要部件技术状况评定标度分为1类、2类、3类、4类。

表4-1 各结构类型桥梁主要部件

序号	结构类型	主要部件
1	梁式桥	上部承重构件、桥墩、桥台、基础、支座
2	板拱桥（圬工、混凝土）、肋拱桥、箱形拱桥、双曲拱桥	主拱圈、拱上结构、桥面板、桥墩、桥台、基础
3	刚架拱桥、桁架拱桥	刚架（桁架）拱片、横向联结系、桥面板、桥墩、桥台、基础
4	钢-混凝土组台拱桥	拱肋横向联结系、立柱、吊杆、系杆、行车道板（梁）、桥墩、桥台、基础、支座
5	悬索桥	主缆、吊索、加劲梁、索塔、锚碇、桥墩、桥台、基础、支座
6	斜拉桥	斜拉索（包括锚具）、主梁、索塔、桥墩、桥台、基础、支座

表 4-2　桥梁总体技术状况评定等级

技术状况评定等级	桥梁技术状况描述
1 类	全新状态,功能完好
2 类	有轻微缺损,对桥梁使用功能无影响
3 类	有中等缺损,尚能维持正常使用功能
4 类	主要构件有大的缺损,严重影响桥梁使用功能;或影响承载能力,不能保证正常使用
5 类	主要构件存在严重缺损,不能正常使用,危及桥梁安全,桥梁处于危险状态

表 4-3　桥梁主要部件技术状况评定标度

技术状况评定标度	桥梁技术状况描述
1 类	全新状态,功能完好
2 类	功能良好,材料有局部轻度缺损或污染
3 类	材料有中等缺损;或出现轻度功能性病害,但发展缓慢,尚能维持正常使用功能
4 类	材料有严重缺损,或出现中等功能性病害,且发展较快;结构变形小于或等于规范值,功能明显降低
5 类	材料严重缺损,出现严重的功能性病害,且有继续扩展现象;关键部位的部分材料强度达到极限,变形大于规范值,结构的强度、刚度、稳定性不能达到安全通行的要求

表 4-4　桥梁次要部件技术状况评定标度

技术状况评定标度	桥梁技术状况描述
1 类	全新状态,功能完好;或功能良好,材料有轻度缺损、污染等
2 类	有中等缺损或污染
3 类	材料有严重缺损,出现功能降低,进一步恶化将不利于主要部件,影响正常交通
4 类	材料有严重缺损,失去应有功能,严重影响正常交通;或原无设置,而调查需要补设

三、桥梁技术状况评定计算

(1)桥梁构件的技术状况评分计算:

$$\text{PMCI}_l(\,\text{BMCI}_l\ \text{或}\ \text{DMCI}_l) = 100 - \sum_{x=1}^{k} U_X$$

当 $x = 1$ 时, $U_i = \text{DP}_{ij}$;

当 $x \geq 2$ 时，$U_i = \dfrac{DP_{ij}}{100\sqrt{x}} \times \left(100 - \displaystyle\sum_{y=1}^{x-1} U_y\right)$（其中 $j=x$，x 取 2，3，4，…，k）；

当 $k \geq 2$ 时，U_1，…，U_x 公式中的扣分值 DP_{ij} 按照从大到小排列；

当 $DP_{ij}=100$，则 $PMCI_l$（$BMCI_l$ 或 $DMCI_l$）$=0$。

式中：$PMCI_l$ 为上部结构第 i 类部件的 l 构件的得分，值域为 0~100 分；$BMCI_l$ 为下部结构第 i 类部件的 l 构件的得分，值域为 0~100 分；$DMCI_l$ 为桥面系第 i 类部件的 l 构件的得分，值域为 0~100 分；k 为第 i 类部件 l 构件出现扣分的指标的种类数；U_x、U_y 为引入的中间变量；i 为部件类别，例如 i 表示上部承重构件、支座、桥墩等；j 为第 i 类部件 l 构件的第 j 类检测指标；DP_{ij} 为第 i 类部件 l 构件的第 j 类检测指标的扣分值；根据构件各种检测指标扣分值进行计算，扣分值按表 4-5 规定取值。

表 4-5　构件各检测指标扣分值

检测指标所能达到的最高标度类别	指标标度				
	1 类	2 类	3 类	4 类	5 类
3 类	0	20	35	—	—
4 类	0	25	40	50	—
5 类	0	35	45	60	100

（2）桥梁部件的技术状况评分按下式计算：

$$BCCI_i = \overline{BMCI} - \frac{100 - BMCI_{min}}{t}$$

式中：$PCCI_i$ 为上部结构第 i 类部件的得分，值域为 0~100 分；当上部结构中的主要部件某一构件评分值 $PMCI_l$ 在 [0，40) 区间时，其相应的部件评分值 $PCCI_i = PMCI_l$；$\overline{PMCI}$ 为上部结构第 i 类部件各构件的得分平均值，值域为 0~100 分；$BCCI_i$ 为下部结构第 i 类部件的得分，值域为 0~100 分；当下部结构中的主要部件某一构件评分值 $BMCI_l$ 在 [0，40) 区间时，其相应的部件评分值 $BCCI_i = BMCI_l$；$\overline{BMCI}$ 为下部结构第 i 类部件各构件的得分平均值，值域为 0~100 分；$DCCI_i$ 为桥面系第 i 类部件的得分，值域为 0~100 分；$\overline{DMCI}$ 为桥面系第 i 类部件各构件的得分平均值，值域为 0~100 分；$PMCI_{min}$ 为上部结构第 i 类部件中分值最低的构件得分值；$BMCI_{min}$ 为下部结构第 i 类部件中分值最低的构件得分值；$DMCI_{min}$ 为桥面系第 i 类部件中分值最低的构件得分值；t 为随构件的数量而变的系数，见表 4-6。

（3）桥梁上部结构、下部结构、桥面系的技术状况评分按下式计算：

$$SPCI(SBCI \text{ 或 } BDCI) = \sum^{m} PCCI_i(BCCI_i \text{ 或 } DCCI_i) \times w_i$$

式中：$SPCI$ 为桥梁上部结构技术状况评分，值为 0~100；$SBCI$ 为桥梁下部结构技术状况评分，值为 0~100；$BDCI$ 为桥面系技术状况评分，值为 0~100；m 为上部结构（下部结构或桥面系）的部件种类数；w_i 为第 i 类部件的权重，按《公路桥梁技术状况评定标准》（JTG/T H21—2011）表 7~表 8 取值；对于桥梁中未设置的部件、应根据此部件的隶属关系，将其权重值分配给各既有部件，分配原则按照各既有部件权重在全部既有部件权重中所占比例进行分配。

表 4-6 t 值

n(构件数)	t	n(构件数)	t
1	∞	20	6.6
2	10	21	6.48
3	9.7	22	6.46
4	9.5	23	6.24
5	9.2	24	6.12
6	8.9	25	6.00
7	8.7	26	5.88
8	8.5	27	5.76
9	8.3	28	5.64
10	8.1	29	5.52
11	7.9	30	5.4
12	7.7	40	4.9
13	7.5	50	4.4
14	7.3	60	4.0
15	7.2	70	3.6
16	7.08	80	3.2
17	6.96	90	2.8
18	6.84	100	2.5
19	6.72	≥200	2.3

注：① n 为第 i 类部件的构件总数；②表中未列出的 t 值采用内插法计划。

表 4-7 梁式桥各部件权重值

部位	类别 i	评价部件	权重
上部结构	1	上部承重构件(主梁、挂梁)	0.70
	2	上部一般构件(湿接缝、横隔板等)	0.18
	3	支座	0.12

部位	类别 i	评价部件	权重
下部结构	4	翼墙、耳墙	0.02
	5	锥坡、护坡	0.01
	6	桥墩	0.30
	7	桥台	0.30
	8	墩台基础	0.28
	9	河床	0.07
	10	调治构造物	0.02
桥面系	11	桥面铺装	0.40
	12	伸缩缝装置	0.25
	13	人行道	0.10
	14	栏杆、护栏	0.10
	15	排水系统	0.10
	16	照明、标志	0.05

表4-8　板拱桥、肋拱桥、箱形拱桥、双曲拱桥各部件权重值

部位	类别 i	评价部件	权重
上部结构	1	主拱圈	0.70
	2	拱上结构	0.20
	3	桥面板	0.10
下部结构	4	翼墙、耳墙	0.02
	5	锥坡、护坡	0.01
	6	桥墩	0.30
	7	桥台	0.30
	8	墩台基础	0.28
	9	河床	0.07
	10	调治构造物	0.02
桥面系	11	桥面铺装	0.40
	12	伸缩缝装置	0.25
	13	人行道	0.10
	14	栏杆、护栏	0.10
	15	排水系统	0.10
	16	照明、标志	0.05

（4）桥梁总体的技术状况评分计算：

$$D_r = BDCI \times \omega_D + SPCI \times \omega_{SP} + SBCI \times \omega_{SB}$$

式中：D_r 为桥梁总体技术状况评分，值域为 $0 \sim 100$；ω_D 为桥面系在全桥中的权重，按表 4-9 取值；ω_{SP} 为上部结构在全桥中的权重，按表 4-9 取值；ω_{SB} 为下部结构在全桥中的权重，按表 4-9 取值。

表 4-9　桥梁结构组成权重值

桥梁部位	权重	桥梁部位	权重
上部结构	0.40	桥面系	0.20
下部结构	0.40		

（5）桥梁技术状况分类界限按表 4-10 规定

表 4-10　桥梁技术状况分类界限表

技术状况评分	技术状况等级（D_j)				
	1 类	2 类	3 类	4 类	5 类
D_r（SPCI、SBCI、BDCI）	[95, 100]	[80, 95)	[60, 80)	[40, 60)	[0, 40)

（6）当上部结构和下部结构技术状况等级为 3 类、桥面系技术状况等级为 4 类，且桥梁总体技术状况评分为 $40 \leqslant D_r < 60$ 时，桥梁总体技术状况等级可评定为 3 类。

（7）全桥总体技术状况等级评定时，当主要部件评分达到 4 类或 5 类且影响桥梁安全时，可按照桥梁主要部件最差的缺损状况评定。

四、结构存在缺陷桥梁评定要点

（1）双曲拱进行技术状况评定时，主拱圈的构件按拱肋、拱波、横向联系划分；拱上结构的构件按立墙或立柱、腹拱圈和拱上侧墙划分。

（2）普通桁架拱桥进行技术状况评定时，桁架拱片的每个拱片作为一个构件考虑，上弦杆、腹杆、下弦杆和节点分别按照不同病害参与计算；桥面板（微弯板、肋掖板等）评定计算时，每跨两片拱肋间的桥面板作为一个构件考虑。

（3）刚架拱桥进行技术状况评定时，刚架拱片的每个拱片作为一个构件考虑；桥面板（微弯板、肋掖板等）评定计算时，每跨两片拱肋间的桥面板作为一个构件考虑。

（4）带挂梁结构的桥梁进行技术状况评定时，悬臂梁桥、T 形刚构桥上部承重构件划分时悬臂梁和挂梁构件按照主梁、牛腿划分。

（5）无加劲纵梁吊杆拱桥及类似结构冗余度明显不足的桥梁进行技术状况评定时，吊杆构件按照杆身、上锚头、下锚头进行划分，单根吊杆（拉索）或锚头评分最差值作为整个部件得分参与总评分。

对于技术状况等级 1 类的桥梁，正常保养或预防养护；2 类桥梁，应进行修复养护、预防养护；3 类桥梁，应修复养护，加固或更换较大缺陷构件，必要时可进行交通管制；4 类桥梁，应修复养护、加固或改造，及时进行交通管制，必要时封闭交通；5 类桥梁，应及时封闭交通，改建或者重建。

五、桥梁评定案例

某 4 跨简支梁桥，为跨河桥，横向由 4 片预应力 T 梁组成，共 20 道横隔板，T 梁下面放置 2 块支座，桥台处设型钢伸缩缝，桥面铺装为水泥混凝土桥面铺装，在墩顶处连续；桥墩为桩柱式桥墩。经对结构构件检查，发现其中 12 片梁出现少量纵向裂缝，裂缝宽度未超限值，最大评定标度为 5，实际评定标度为 2；一处横隔板局部存在网状裂，最大评定标度为 4，实际评定标度为 2；有 5 个支座局部脱空，最大评定标度为 5，实际评定标度为 2，并有老化变形、开裂，最大评定标度为 5，实际评定标度为 3；水泥混凝土铺装多处出现脱皮、露骨，最大评定标度为 4，实际评定标度为 4；0 号台、4 号台型钢伸缩缝止水带脱落，最大评定标度为 4，实际评定标度为 4；部分泄水孔堵塞：最大评定标度为 3，实际评定标度为 3；照明、标志缺失：最大评定标度为 3，实际评定标度为 3；0 号台和 4 号台无翼墙、耳墙部件，台前护坡沉陷、破损，最大评定标度为 4，实际评定标度为 4；3 号墩承台西侧面多处钢筋露出锈蚀，最大标度为 4，实际评定标度为 3，有河流调治构造物，功能完好。

（1）构件划分

上部结构：上部承重构件 T 梁共 16 片，横隔板共 20 道，支座共 32 个；下部结构：护坡两处，每个桥墩包括盖梁、立柱、承台 3 个构件，共 3 个桥墩；两个桥台；1 个河床，1 个河流调治构造物。桥面系：4 跨桥面铺装，2 个伸缩缝，无人行道，2 个护栏、栏杆，一个排水系统，一个照明、标志。

（2）技术状况评分计算

1）上部结构计算

支座局部脱空，最大评定标度为 5，实际评定标度为 2，并有老化变形、开裂，最大评定标度为 5，实际评定标度为 3；

支座构件得分计算：

$$U_1 = 45, \quad U_2 = 35 \times (100 - 45) / (100\sqrt{2}) = 13.6$$
$$PMCI_i = 100 - 45 - 13.6 = 41.4$$

支座部件得分计算：

$$(41.4 \times 5 + 100 \times 27) / 32 - (100 - 41.4) / 5.3 = 79.79$$

一处横隔板局部存在网状裂，最大评定标度为 4，实际评定标度为 2；

横隔板构件得分计算：

$$U_1 = 25$$
$$PMCI_i = 100 - 25 = 75$$

横隔板部件得分计算：

$$(75 + 19 \times 100) / 20 - (100 - 75) / 6.6 = 94.96$$

12 片梁出现少量纵向裂缝，裂缝宽度未超限值，最大评定标度为 5，实际评定标度为 2；

梁构件得分计算：

$$U_1 = 35$$
$$PMCI_i = 100 - 35 = 65$$

梁部件得分计算：

$$(65 \times 12 + 4 \times 100)/16 - (100-65)/7.08 = 68.81$$

上部结构得分计算：

$$68.81 \times 0.7 + 94.96 \times 0.18 + 79.79 \times 0.12 = 74.83$$

技术状况等级为 3 类。

2）下部结构计算

台前护坡沉陷、破损，最大评定标度为 4，实际评定标度为 4；

护坡构件得分：100-50=50

护坡部件得分：50-(100-50)/10=45

3 号墩承台西侧面多处钢筋露出锈蚀，最大标度为 4，实际评定标度为 3；

承台构件得分：100-40=60

桥墩部件得分：(100×8+60)/9-(100-60)/8.3=90.74

下部结构得分：0.01×45+0.31×90.74+0.31×100+0.28×100+0.07×100+0.02×100=96.58；

技术状况等级为 1 类。

3）桥面系计算

水泥混凝土铺装多处出现脱皮、露骨，最大评定标度为 4，实际评定标度为 4；

桥面铺装构件得分计算：100-50=50

桥面铺装部件得分计算：50-(100-50)/9.3=44.62

0 号台、4 号台型钢伸缩缝止水带脱落，最大评定标度为 4，实际评定标度为 4；

伸缩装置构件得分计算：100-50=50

伸缩装置部件得分计算：50-(100-50)/10=45

部分泄水孔堵塞：最大评定标度为 3，实际评定标度为 3；

排水设施得分计算：100-35=65

照明、标志缺失：最大评定标度为 3，实际评定标度为 3；

照明设施得分计算：100-35=65

桥面系得分计算：

$$0.444 \times 44.62 + 0.278 \times 45 + 0.111 \times 100 + 0.111 \times 65 + 0.056 \times 65 = 54.28$$

技术状况等级为 4 类。

4）全桥技术状况计算：

$$0.4 \times 74.83 + 0.4 \times 96.58 + 0.2 \times 54.28 = 79.42$$

技术状况等级为 3 类。

第五章 增大截面加固法

桥梁加固的力学原理主要包括两个方面：通过改变结构性能提高承载力，如增大截面法、粘贴钢板加固法、粘贴碳纤维加固法等；通过调整内力提高承载力，如改变结构体系、体外预应力等。

增大截面加固法适用于钢筋混凝土和预应力混凝土受弯构件、钢筋混凝土受压构件的加固、以提高受弯构件的抗弯能力、抗剪承载能力和抗变形能力；提高受压、受弯构件的正截面承载力和刚度。如图5-1所示。

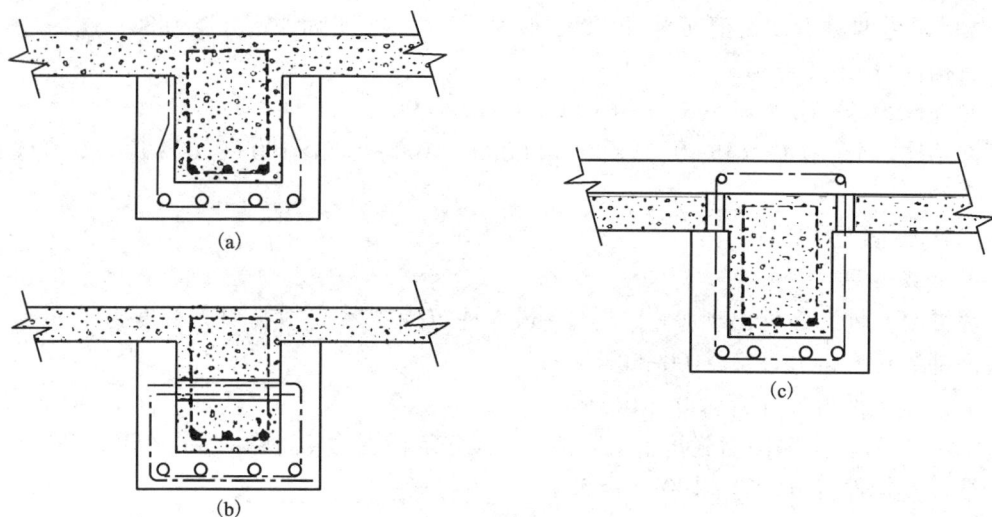

图 5-1 增大截面加固法

一、加厚桥面板加固法

加厚桥面板加固法是通过在原有桥面板上浇筑一层新的钢筋混凝土补强层来提高桥梁的抗弯能力，增加桥面整体刚度。由于需要浇筑新的补强层，故桥面板自重会增加，梁所承受的弯矩也会增加，故适合于中小跨径桥梁，同时应通过计算判断自重的增加对下部结构及梁本身的受力的影响，是否会超过其承载能力，加厚桥面板需要凿掉原有的桥面铺装，故会影响到桥上交通。

加厚桥面板加固法工艺流程：凿除原有桥面铺装—桥面板缺陷修复、凿毛及清理—植筋、铺设钢筋网—浇筑补强层—养护—重做桥面系。

植筋的目的是为了增强新旧桥面板的联结力，宜采用螺纹钢筋，首先是在桥面板上钻

50

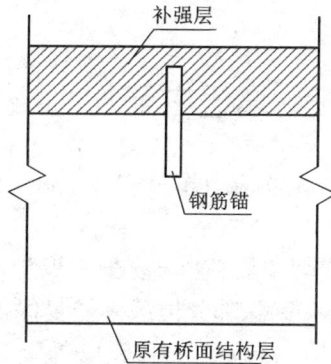

图 5-2　加厚桥面板法

孔，清理干净后放入环氧树脂类植筋胶，将钢筋旋转插入；桥面板铺设的钢筋网的直径、间距应根据梁板的受力来确定。

　　加厚桥面板前应将原有桥面板凿毛，露出新鲜、密实混凝土，加厚桥面板所采用的水泥等原材料及掺合料的品种、规格和质量应符合规范及设计要求，混凝土要求黏结力强、收缩小、抗裂性能高，具有良好的韧性。为了增加新旧混凝土的黏结性能，除了植筋，当桥梁表面较为潮湿时，可在适当的时间给旧混凝土表面喷洒界面剂等。

二、增大梁肋加固法

　　增大梁肋加固法适用于原有桥梁因截面高度不够、面积过小导致承载能力不足，常用于 T 梁桥。如图 5-3 所示。

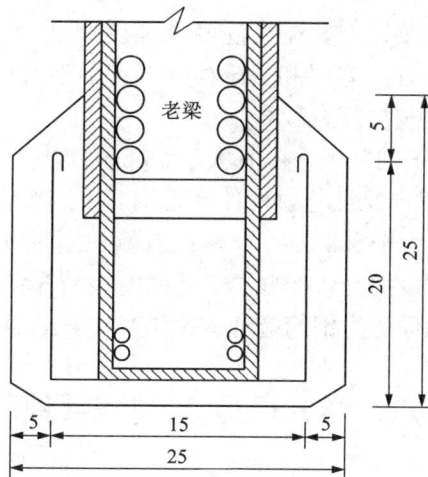

图 5-3　增大梁肋加固法

增大梁肋加固法工艺流程：结合部位旧混凝土凿毛—将新增主筋与原主筋相接—浇筑混

凝土—养护；凿毛应使得旧混凝土露出骨料，同时隔一段距离应凿出主筋，以便与新增主筋连接。

三、增设主筋加固法

增设主筋加固法适用于结构因主筋应力超过容许范围，而桥下净空受到限制时，不能加大截面高度的桥梁。

增设主筋加固法施工工艺：增焊主筋（凿开混凝土保护层，露主筋—切断拉直原箍筋—焊新增钢筋于原主筋）—增设箍筋—卸除部分恒载—恢复保护层（涂抹法、压力灌注法、喷护法等）。

四、喷射混凝土加固

喷射混凝土加固适用于原桥桥面积偏小，下缘主拉应力超过容许值出现裂缝，桥下净空允许的桥梁。

喷射混凝土加固施工工艺：修补裂缝（灌浆法）—布设钢筋网（按一定间距凿除梁底混凝土保护层—纵横向焊接钢筋于主筋—按一定间距绑扎或焊接钢筋于纵横向钢筋）—喷射混凝土（每层厚度不超过 3~8 cm）。

钢筋网的作用为承受拉应力，提高喷层强度，传递温度应力，减少收缩裂缝，加强喷射混凝土的整体性等；新老混凝土结合面处，原构件的表面应凿成凹凸差不小于 6 mm 的粗糙面。

五、增大截面加固法构造要求

新增混凝土的强度和厚度要求：新浇筑混凝土强度级别宜比原构件混凝土强度提高一级，最小厚度对板不小于 100 mm，对梁和受压构件不宜小于 150 mm，若小于 100 mm，可采用小石子混凝土或喷射高性能抗拉复合砂浆。

加固用受力钢筋直径不小于 12 mm，不宜大于 25 mm；构造钢筋直径不小于 10 mm；箍筋直径不宜小于 8 mm；当新增纵向钢筋与原构件受力钢筋采用短筋焊接时，短筋的直径不宜小于 12 mm，各短筋的中距不应大于 500 mm，单侧或双侧加固时应设置 U 形箍筋或封闭式箍筋与原构件牢固连接，受拉区增设的受弯构件，若其纵向钢筋需截断，则应从计算截断点外至少增加一个锚固程度，新增纵向受力钢筋应伸入原结构中并满足锚固要求。

六、增大截面加固法实例

1. 桥梁概况

某大桥建于 1971 年，上部为 33 孔 T 形截面简支梁结构，下部为钻孔灌注桩基础，双柱式墩台。桥梁总长：466.3 m；每跨标准跨径：14.10 m；计算跨径：13.70 m；桥面净宽：净 7 m+2×0.75 m（人行道）；原设计荷载：汽-15 级，拖-60 级。

2. 桥梁病害

随着社会经济的发展，交通量日益增大，大吨位车辆越来越多，原桥的承载能力已无法满足交通的需要，桥梁出现了很多病害。主要表现在：主梁跨中出现环向裂缝，支点处出现斜向裂缝和隔板开裂，以及墩顶盖梁裂缝等。2000 年 5 月，桥梁日交通量达 9500 辆，运送石料超限车辆猛增，其中 50~70 t(最重达 80 t)重型石料车占 20%，致使桥梁技术状况急剧恶化，已成为危桥。2000 年 5 月 1 日至 5 月 18 日桥面板有四处纵向裂缝，桥面铺装松散。5 月 22 日以后，裂缝发展迅速，钢筋剪断，混凝土散落桥下，病害还在进一步发展。经鉴定，该桥属三类桥梁，急需对其进行加固改造。

3. 桥梁加固方案

根据道路改造规划，拟将该桥承载能力提高达到公路-Ⅰ级荷载标准。为了确定桥梁实际承载能力，并以此判断桥梁加固可行性，在加固前进行单梁荷载试验。在此基础上选择了增大截面加固法对该桥进行加固。在施工前后对该桥进行单梁静载试验，在竣工后进行全桥的动静载试验，证明加固方案可行，加固施工质量可靠，达到了加固目的。加固方案如图 5-4、图 5-5 所示。

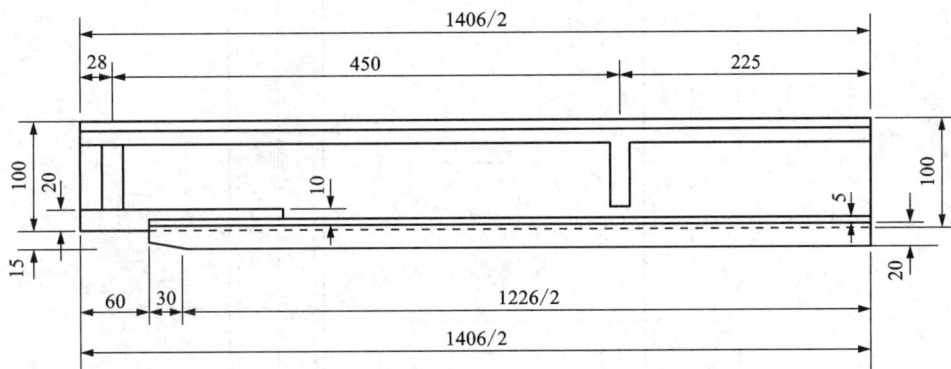

图 5-4 主梁加固构造图(尺寸单位：nm)

(1)增大截面加固主要承重结构

①主梁抗弯加固：对上部结构主梁增高截面高度，相应增设主筋。具体加固方案为：对五根主梁加固，增设下马蹄，梁增高 15 cm，两侧各增宽 6 cm(总宽 60 cm)，并配以 4φ5 钢筋，同时增设两道横隔梁。

②主梁抗剪补强：在靠近支点附近由于剪力过大而使梁肋截面产生大量裂缝。具体加固方法是：在靠近支点横隔板处开始加固，碳纤维片为宽 20 cm 的 U 形外包箍，型号为：TXD-C-20 高强度碳纤维，由近及远逐渐变疏，一道主梁设 12 道。

③对桥墩柱环包加固，直径由 0.82 m 增至 1.00 m，并配以 12 道 φ18 钢筋。

④加强桥面铺装结构，使其参与主梁工作。

(2)其他维修加固

①主梁端隔板加固。

②主梁中隔板加固。

③对 1~8 号、21~32 号墩柱加设系梁，尺寸为 0.5 m×0.7 m，系梁位置在当前地面标高

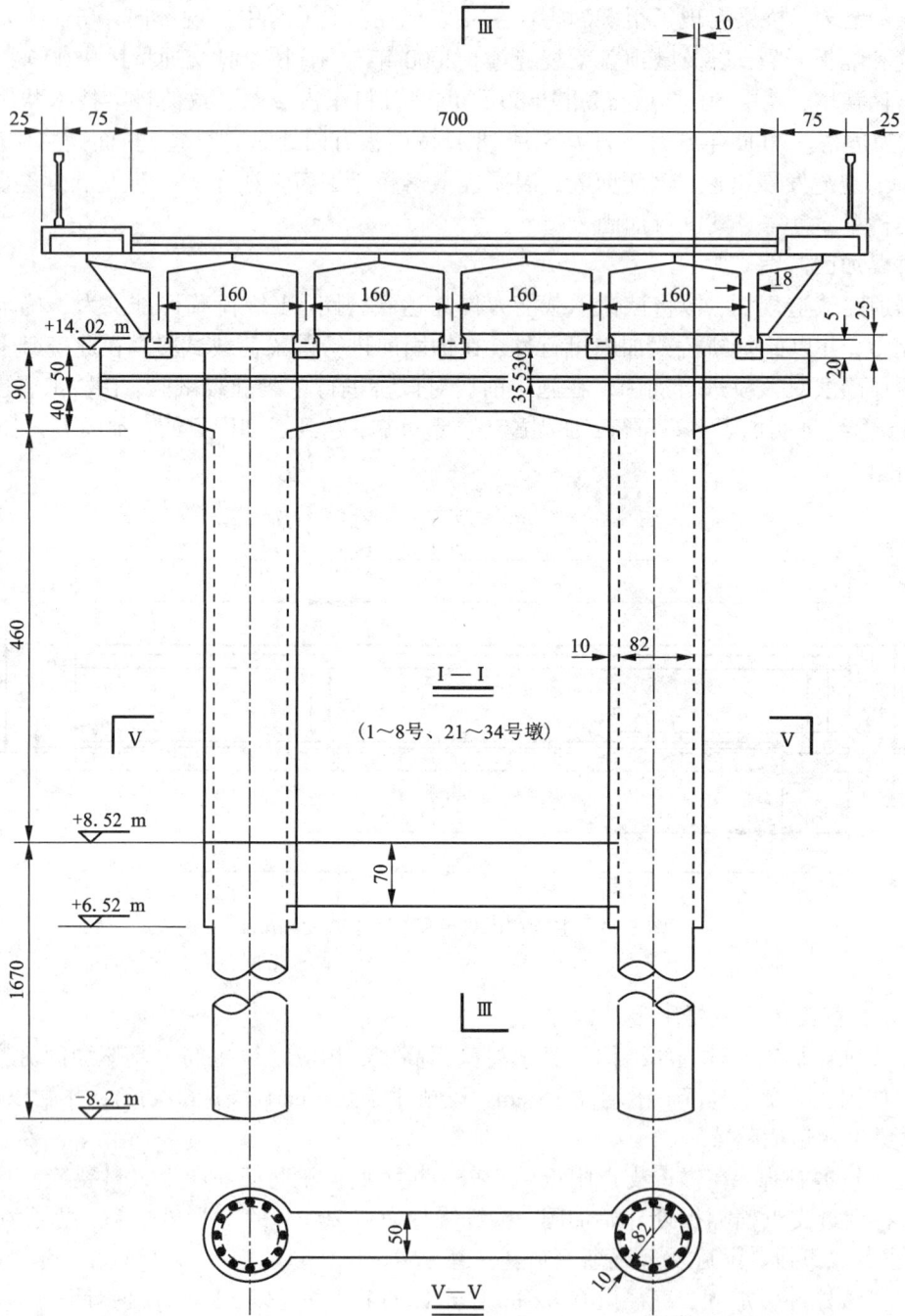

图 5-5 桥梁加固示意图(尺寸单位: cm)

以下 0.5 m。

④对 9~20 号墩柱加设承台，尺寸为 1.5 m×6.2 m×1.0 m。承台所设位置根据地面标高不同，分别设在标高+0.5~+5.9 m 处。

4. 施工工艺与质量控制

（1）施工操作流程

凿除桥面旧铺装—横隔板加固—碳纤维抗剪加固—T 形梁翼板连接加固—T 形梁腹板增加马蹄形截面加固—桥面铺装—伸缩缝。

墩柱环包可以同步进行。

（2）质量控制

①桥面旧铺装凿除时注意不要伤及主梁部位。梁顶面必须进行粗糙处理，以利新旧混凝土结合。

②横隔板加固必须注意与主梁结合部位混凝土的浇筑质量。

③纤维加固的关键是基底处理必须彻底，以利胶料的黏合。纤维布粘贴必须保证密贴平整，不能有空鼓。

④在进行 T 形梁增加马蹄形截面作业时，新增钢筋与原主梁必须有牢固的连接。新增混凝土要添加收缩补偿剂，或微膨剂，以利新旧混凝土同步作用。

⑤墩柱环包关键除了新旧混凝土的结合外，还必须注意本身的抗渗水性能和抗震性能。

⑥桥面铺装是桥梁整体受力的关键，必须注意新旧混凝土之间的结合，并必须添加混凝土收缩补偿剂或纤维，防止因收缩造成耐久性的削弱。混凝土的浇筑必须保证伸缩缝之间面积的连续性。表面必须保证平整、粗糙。

【思考题】

1. 增大截面加固法的基本原理是什么？

2. 增大构件截面的途径和各自优点是什么？

3. 增大构件截面如何保证新老混凝土结合良好？

4. 喷射混凝土加固桥梁结构时，混凝土有什么要求？

5. 修补裂缝的压浆顺序是怎样的？

第六章　粘贴钢板加固法

【学习要求】

本单元以某大桥的加固为例，介绍了桥梁上部构造和下部构造增大截面法加固旧桥的方法，阐述了增大截面加固法的原理，列举了常见的增大构件截面的四种途径，分别是：增加受力主筋截面、加大混凝土截面、加厚桥面板和喷锚加固。说明了增大截面加固法的施工方法和质量控制要求。通过本章的学习，学生重点掌握增大截面加固法的施工工艺。

【知识目标】

(1)了解增大截面加固法的基本原理；

(2)理解增加受力主筋截面、加大混凝土截面、加厚桥面板和喷锚加固的施工工艺；

(3)掌握增大截面加固法的质量控制要求。

【能力目标】

(1)能正确运用增大截面加固法进行旧桥加固设计；

(2)能准确对增大截面加固进行施工质量控制。

粘贴钢板加固法适用于承受静力作用的一般受弯及受拉构件。

图 6-1　粘贴钢板加固法

粘贴钢板加固法施工流程：粘贴面(混凝土基面和钢板粘贴面)处理—加压固定及卸荷系统准备(根据实际情况和设计要求，卸荷步骤有时省去)—胶黏剂配制—涂胶和粘贴—固化、卸加压固定系统—检验—维护。

一、工艺流程

1. 粘贴面处理

混凝土面应凿除粉饰层、油垢、污物，然后用角磨机打磨除去 1 ~ 2 mm 厚表层，较大凹陷处用找平胶修补平整，打磨完毕用压缩空气吹净浮尘，最后用棉布沾丙酮拭净表面，待粘贴面完全干燥后备用。

依据现场混凝土上的实际放样进行钢板下料，并依据现场植埋的螺杆，对待灌注的钢板进行配套打孔，然后将钢板的粘贴面用磨光砂轮机或钢丝刷磨机进行除锈和粗糙处理，打磨粗糙度越大越好，打磨纹路应与钢板受力方向垂直；用脱脂棉沾丙酮将钢板表面擦拭干净。

该工序所用主要物资：护目镜、防尘口罩、冲击电锤及扁铲、手锤、角磨机、金刚石磨片、砂轮片、空压机、棉布、丙酮。

2. 加压固定及卸荷系统准备

加固构件所承受的活荷载如人员、施工机具宜暂时移去，并尽量减小施工临时荷载；

加压固定宜采用千斤顶、垫板、顶杆所组成的系统，该系统不仅能产生较大压力，而且加压固定的同时卸去了部分加固构件承担的荷载，能更好的使后粘钢板与原构件协同受力，加固效果最好，施工效率较高；加压固定也可采用膨胀螺栓、角钢、垫板所组成的系统，该系统需要在加固构件上合适位置钻孔固定膨胀螺栓，仅能产生较小压力，不能产生卸荷效果，适合侧面钢板的粘贴。

3. 胶黏剂配制

建筑结构胶为 A、B 两组份，取洁净容器(塑料或金属盆，不得有油污、水、杂质)和称重衡器按说明书配合比混合，并用搅拌器搅拌约 5 ~ 10 min 至色泽均匀为止。搅拌时最好沿同一方向搅拌，尽量避免混入空气形成气泡，配置场所宜通风良好。

该工序所用主要物资：搅拌器、容器、衡器、腻刀、手套。

4. 涂胶和粘贴

胶黏剂配制好后，用腻刀涂抹在已处理好钢板面上(或混凝土表面)，胶断面宜成三角形，中间厚 3 mm 左右，边缘厚 1 mm 左右，然后将钢板粘贴在混凝土表面，用准备好的固定加压系统固定，适当加压，以胶液刚从钢板边缝挤出为度。

该工序所用主要物资：加压固定及卸荷系统，腻刀、手套。

5. 固化、卸加压固定系统

该工序所用主要物资：扳手、手套、时钟、温度计。

6. 检验

检验时可用小锤轻击粘贴钢板，从音响判断粘贴效果，也可采用超声仪检测。若锚固区有效黏结面积少于 90%，非锚固区有效黏结面积少于 70%，应剥离钢板，重新粘贴。

对重要构件也可采用载荷检验，一般采用分级加载至正常荷载的标准值，检测结果较直观、可靠，但费用较高，耗时也较长。需要千斤顶或配重(常用沙袋、砖块)、百分表、裂缝显微镜、衡器。

7. 维护

经检验确认钢板粘贴固化密实效果可靠后，去除所有注入咀和排气管，并清除钢板表面污垢和锈斑，对外露钢板防腐处理涂装。

二、注意事项

粘贴钢板法以环境温度不超过 60℃，相对湿度不大于 70% 及无化学腐蚀的适用条件为限，否则应采取有效防护措施；胶黏剂必须有充分试验依据且性能满足使用要求，并经过国家有关部门鉴定。当构件的混凝土强度低于 C15，不宜采用本方法进行加固。

三、构造要求及实测项目

采用直接涂胶粘贴的钢板厚度不应大于 5 mm；钢板厚度大于 5 mm 时，应采用压力注胶黏结；直接涂胶粘贴钢板宜使用锚固螺栓，锚固深度不应小于 6.5 倍螺栓直径，螺栓中心最大间距为 24 倍钢板厚度，最小间距为 3 倍螺栓孔径；螺栓中心距钢板边缘最大距离为 8 倍钢板厚度或 120 mm 中的较小者，最小距离为 2 倍螺栓孔径；如果螺栓只用于钢板定位或粘贴加压，不受上述间距限制；所有钢板、螺栓表面应无铁锈，钢板周围应有胶液挤出。植埋螺杆钻打盲孔前，应用钢筋混凝土保护层测试仪查明梁腹钢筋分布，避免钻打盲孔时碰及钢筋。

【思考题】

1. 粘贴钢板加固法的基本原理是什么？
2. 粘贴钢板加固法的工艺流程？
3. 粘贴钢板加固钢板的处理？
4. 粘贴钢板加固的加压方式有哪些？
5. 粘贴钢板加固的检查项目有哪些？

第七章　粘贴碳纤维加固法

【学习要求】

本章从纤维加固材料的特性出发，介绍了碳纤维、玻璃纤维和芳纶纤维布在旧桥加固中的运用，说明了纤维加固法的原理和特点，阐述该方法的工艺流程和施工注意事项。通过本章的学习，学生重点掌握纤维加固法的施工工艺。

【知识目标】

(1)了解纤维加固材料的特性；
(2)理解纤维加固法的基本原理；
(3)掌握纤维加固法的施工工艺。

【能力目标】

(1)能正确运用纤维加固法进行桥梁结构的加固；
(2)能准确对纤维加固法进行施工质量控制。

一、碳纤维加固法

1.概述

随着社会的发展，人们对已建及在建的基础设施提出了更高的要求。现有的道路桥梁，由于各种因素的影响，桥梁面临多种结构性或非结构性的破坏，如承载力不足、设计荷载标准低、年久失修等，使得这些结构不能满足现有交通的要求。所以对这些结构进行加固，已是当务之急。相对于传统的加固方法，用纤维加固桥梁构件，不仅具有轻质高强、高弹模、耐腐蚀、耐久性好、抗冲击等优点，而且拥有施工便捷、无需大型机械、工期短等优势。碳纤维、玻璃纤维和芳纶纤维布已应用于桥梁维修加固工程中。

自20世纪70年代末，欧洲进行纤维增强复合材料(FRP)在土木工程中的应用研究以来，具有极好的比强度和比刚度、优秀耐腐蚀性的纤维增强复合材料已广泛用于混凝土结构的粘贴加固工程，形成了纤维增强复合材料补强加固已有混凝土桥梁的新技术，其中碳纤维增强复合材料(CFRP)应用最多。下面根据国内外关于碳纤维增强复合材料补强加固的工程研究，介绍这一新技术的材料特性、施工方法和技术措施。

在桥梁加固工程中，碳纤维布材主要用于混凝土桥梁的基本构件和节点的加固补强，其加固的效果主要是提高构件的抗弯承载力、抗剪承载力以及受压构件的轴向抗压承载力；提高构件的刚度以及延性。除此之外，许多室内及现场试验证明，碳纤维片材加固的混凝土构件裂缝宽度发展可以得到控制。

2. 碳纤维片材

碳纤维片材，特别是碳纤维布质量轻且厚度薄，具有一定柔度，在混凝土桥的有关部位加固较灵活。碳纤维片材因碳纤维排列方向不同而使各方向拉伸强度不相同。碳纤维片材的纤维方向与受力方向相同时，其拉伸强度最高；反之，纤维方向与受力方向垂直时，其强度最低。因此，在采用碳纤维片材进行加固设计中，必须正确掌握纤维的布置方向。根据混凝土构件加固计算，可以采用连续式粘贴或条带间隔粘贴碳纤维片材的方式。研究表明，分条加固的效果要优于整条布的加固效果。

图 7-1　炭纤维片材加固旧桥施工现场

碳纤维增强复合材料补强加固所采用的基本材料为高强度或高弹性模量的连续碳纤维，纤维单向排列成束。用环氧树脂浸渍固化的碳纤维板或未经树脂浸渍固化的碳纤维布，统称碳纤维片材。将片材用专门配制的粘贴树脂或浸渍树脂粘贴在桥梁混凝土构件需补强加固部位的表面，树脂固化后与原构件形成新的受力复合体，共同工作。

碳纤维片材的拉伸强度在 2400~3400 MPa 之间，比普通碳素钢板的拉伸强度（240 MPa）高得多。

碳纤维片材的弹性模量依片材力学性能不同，分成高模量、高强度和中等模量三类。高模量碳纤维片材的弹性模量较高，但其伸长率较低。

碳纤维片材的密度比钢材低许多，不会增加结构自重。碳纤维的化学结构稳定，本身不会受酸碱盐及各类化学介质的腐蚀，有良好的耐寒和耐热性。

碳纤维片材施工方便，无需任何夹具、模板，能适应各种结构外形的补强而不改变构件外形尺寸，可多层粘贴，并能有效地封闭混凝土的裂缝，适用于各种形式的钢筋混凝土结构或构件的加固补强。利用专用环氧树脂将抗拉强度极高的碳纤维片粘贴于混凝土结构表面，两者能形成整体，共同工作。

3. 配套树脂类黏结材料

混凝土结构加固修补配套树脂系统包括：底层涂料，用于渗透过混凝土表面，促进黏结并形成长期持久界面的基础；找平胶，用于填充整个表面空隙并形成平整表面以便使用碳纤维片材；浸渍树脂或黏结树脂，前者用于碳纤维布粘贴，后者用于碳纤维板粘贴。

浸渍树脂或黏结树脂是将碳纤维片材黏附于混凝土构件表面并与之紧密地结合在一起形成整体共同工作的关键，因此，树脂同混凝土的粘贴强度大于混凝土的拉伸强度和剪切强度。

二、粘贴碳纤维加固法施工技术与质量控制

1. 混凝土处理

拟加固的构件混凝土必须完整无缺。混凝土有局部破损、剥落、开裂的，应按加固设计方案进行修补；宽度大于 2 mm 的裂缝应采用化学胶先行闭合处理。在病害处理完成后，再做混凝土表面处理。

1）基面处理

（1）混凝土表面的一般处理。剪切补强、韧性补强时，原则上应除去表面的涂层、灰尘、油污及混凝土浮浆；弯曲补强时，原则上要打磨到细骨料露出为止。

（2）基面轻微的模板对接凸起或错位，要打磨平。转角部分要进行倒角处理。芳纶纤维同其他高性能纤维相比对弯曲的追随性较好，弯角处的圆弧原则上处理成相当于半径 10 cm 的圆角即可，所以不必加工或只需打一遍砂纸。

（3）脱落、剥离、裂缝的地方，要注入树脂或填充砂浆进行修补。用砂浆或腻子进行修补时，为了确保与混凝土的黏结性，要事先涂黏结剂。

（4）用丙酮或无水酒精擦拭表面。也可以用清水冲洗，但必须保证其充分干燥后才能进入下一道工序。

2）病害处理

结构补强要求混凝土机体必须有一定的强度（原则上不低于原构件混凝土的强度等级，且不低于 C15），如果达不到，则必须剔除或注浆处理，同时必须进行裂缝注胶。

注胶存在的问题：①混凝土表面的一般处理，有些黏结材料不能渗透进入非常细但又具有破坏力的裂缝，施工时应严格控制；②由于裂缝的内部条件不同，注入的树脂会因为移位或被吸收而黏结不完全。

解决方案：采用裂缝注射工法。此方法为一种低压低速连续自动注射的施工方法，使裂缝修补达到很好效果，从而恢复结构的耐久性，同时也提高了施工时的工作效率。

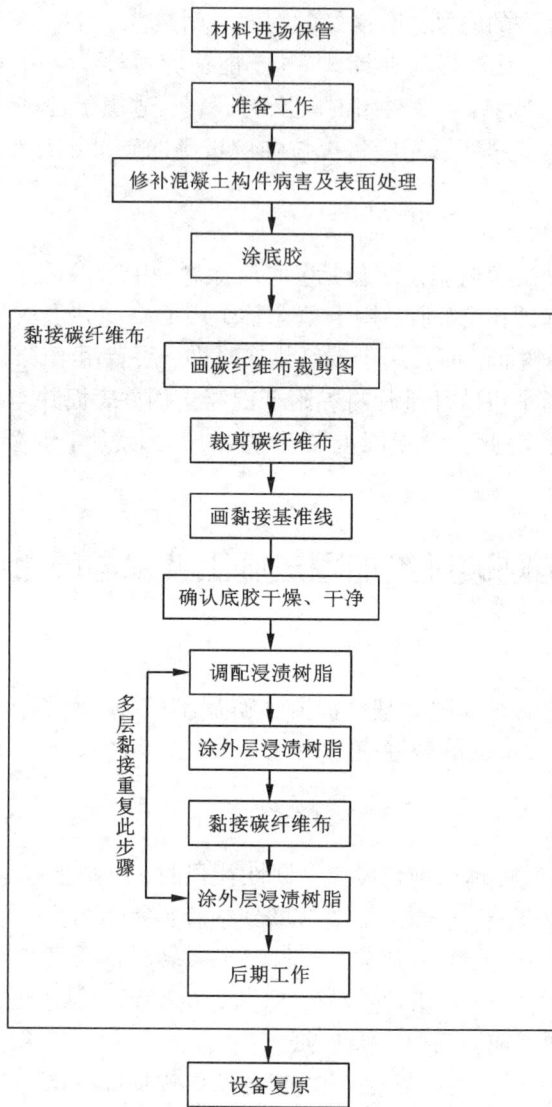

图 7-2　纤维布加固流程

（1）裂缝注射工法的基本步骤如图 7-3 所示。

（2）裂缝注射工法的质量控制方法。

裂缝注胶时，一般每 20 cm 选择一个注射点。注射点用电钻打孔，一般要求有 6~8 cm 的深度；同时孔的方向最好跟注射面有一个角度，以利于重力的作用。

（3）裂缝注胶的特点。

裂缝注射工法运用了 BC 橡胶来确保在低压低速的条件下进行流畅、匀速、稳定的注射，这使注射物能够更深更有效地渗入裂缝。注射压力的控制只需通过简单地增加或减少橡皮筋的数量来解决。注入量由透明的圆管上的容量刻度控制，以毫升为单位。注入量一目了然，可以准确容易地控制注入量。

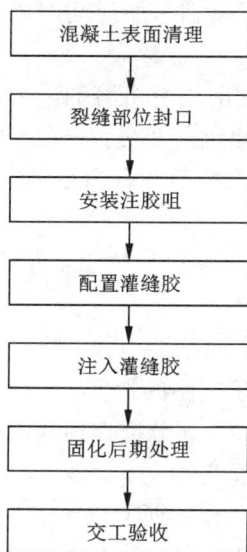

图 7-3　裂缝注射工法

残留在圆管注射器里的材料的固化速度和注入裂缝里的材料固化速度是一样的，通过检查圆管注射器里残留材料的固化速度，确定裂缝的固化程度。因此，固化情况的检查非常简单，即检查注射筒里的树脂硬化情况就可以了。

裂缝注射工法可使用很多个注射器同时工作，不需要大量的技术人员各自去逐个修补裂缝，因而提高了功效。

裂缝注射工法解决了传统的施工法采用高速强压的手段注胶，不能确保稳定地完成注射工作的缺陷。裂缝注射工法则可以用于 0.05~2 mm 的裂缝。

3. 涂底胶

涂底胶旨在确保混凝土与纤维布及浸渍树脂有高度的黏结力。一般来说，底胶可以渗透到 2~3 cm 深度的混凝土里面，从而增强表面混凝土的一体性。

1) 涂抹原则

(1) 涂抹底胶前要确认混凝土的表面干燥。潮湿状态下，要进行干燥处理或采用湿润底胶。

(2) 底胶在指触硬化前，外界温度若在 5℃ 以下，要采取适当的保温措施或者采用低温型底胶。

(3) 底胶要按照一定的比例混合，充分搅拌使其混合均匀。每次调和的树脂都要尽可能在规定时间内用完。

(4) 用滚筒将底胶均匀地涂在施工面上。底胶的使用量要以产品的规定使用标准为基准，不过还应根据外界温度和混凝土表面状况等因素作适当调整。

2) 涂抹底胶操作方法

(1) 施工面的污渍需除去，清洗干净并使之干燥。

(2)主剂和硬化剂应严格按 5 : 2(质量比)调配,并充分混合。

(3)每次调配的量不要太多,应尽量在可用时间内用完。

(4)施工后 24 h 内应注意养护。

(5)容器上若附着树脂,应在硬化前用有机溶剂洗去。

(6)40℃以下密封储藏。低温时硬化会变缓,应在 5℃以上环境下使用。

为保证材料的附着性,应在底胶涂布后 3 日内涂上层树脂。

4. 贴碳纤维布

粘贴碳纤维布时可以在粘贴位置上涂浸渍树脂,也可以在碳纤维布上涂浸渍树脂,视施工条件而定。具体步骤为:

(1)涂浸渍树脂时,确认黏结剂表面已经指触干燥,并除去附着水分。

(2)纤维布要按设计图纸剪成适于粘贴的长度。

(3)浸渍树脂要按一定的比例混合,充分搅拌使其混合均匀。

(4)每次调和的树脂要在规定时间内用完。

(5)用滚筒将树脂均匀地涂在施工作业面上。

(6)涂浸渍树脂后,必须迅速将纤维布粘贴上去。树脂与纤维布之间不能夹有空气。

(7)纤维布已经充分浸透底层树脂后,再涂一层浸渍树脂,要注意均匀涂刷,完全覆盖。

(8)粘贴两层或两层以上时,重复(5)~(7)步骤。

渍浸树脂在指触硬化之前,外界温度如在 5℃以下时,要采取适当的保温措施或采用低温型底漆。

纤维复合材料宜粘贴成条带状,非围束时板材不宜超过 2 层,布材不宜超过 3 层,对钢筋混凝土柱进行粘贴纤维复合材料加固时,条带应粘贴成环形,且纤维方向应与柱的纵轴线一致,加固大偏心受压构件,可将纤维复合材料粘贴于构件受拉区边缘混凝土表面,纤维方向应与柱的纵轴线方向一致,加固受拉构件,纤维方向应与构件受拉方向一致。梁的受拉区两侧粘贴纤维复合材料进行抗弯加固时,粘贴高度不宜高于 1/4 梁高,纤维复合材料沿纤维受力方向的搭接长度不应小于 100 mm;采用封闭式粘贴或 U 形粘贴对梁、柱构件进行斜截面加固,纤维方向宜与构件轴线垂直或与其主拉应力方向平行。当采用多条或多层纤维复合材料加固时,其搭接位置应相互错开;当纤维复合材料绕过构件或截面的外倒角时,构件的截面棱角应在粘贴前打磨成圆弧面,圆弧半径,梁不应小于 20 mm,柱不应小于 25 mm,对于主要受力纤维复合材料不宜绕过内倒角。

5. 保护层

1)作用及目的

外层涂装,用以保护纤维布。其作用如下:

(1)遮断紫外线,防止浸渍树脂及纤维布老化;

(2)防止偶然荷载造成损伤;

(3)提高耐火性能;

(4)增强美观性。

2)种类及性能

常用的外层防护方式有两种:第一种就是使用涂料涂装,一般是在外层浸渍树脂完全硬化后涂装,否则涂料随着浸渍树脂的硬化会有开裂现象,从而影响外观;第二种就是采用水泥砂浆抹面，这种防护方式需要注意，为了便于挂浆，增加砂浆的附着力，最好在外层树脂刚刚涂刷完后，撒上一层石英砂。

【思考题】

1. 纤维加固法的基本原理是什么？
2. 碳纤维片材的的特点和优点有哪些？
3. 如何进行纤维材料底层材料和黏帖材料的选择？
4. 芳纶纤维加固施工控制流程是怎样的？
5. 在进行芳纶纤维加固前要如何进行混凝土的处理？

第八章　体外预应力加固法

【学习要求】

本章以某双曲拱桥的体外预应力加固为例,介绍了体外预应力加固法的基本原理以及该法所具有的加固、卸荷、改变结构内力的三重效果。指出了该方法对中小跨径桥和大跨径桥的不同效果。根据工程实践,说明了该方法的优点。体外预应力加固法包括体外预应力钢丝加固法、下撑式预应力拉杆(粗钢筋)加固法等,本节分别介绍这些方法的施工方法和工艺流程。通过本章的学习,学生重点掌握体外预应力加固法的施工工艺。

【知识目标】

(1)了解体外预应力加固法的基本原理;
(2)理解掌握体外预应力加固法的施工质量控制要求;
(3)掌握体外预应力加固法的施工工艺。

【能力目标】

(1)能正确运用掌握体外预应力加固法进行旧桥加固设计;
(2)能正确进行各种预应力材料的加固施工。

一、体外预应力加固法

1. 概述

体外预应力是针对体内预应力而言的。体外预应力结构是把预应力筋布置在主体结构之外。当体外预应力索应用于混凝土结构时就被称为体外预应力混凝土结构。体外预应力技术用于桥梁加固称为体外预应力加固。从力学特征上说,体外预应力索与周围结构主体在同一截面上的变形是不协调的。

体外预应力索加固结构的实质是以粗钢筋、钢绞线或高强钢丝等钢材作为施力工具,对桥梁上部结构施加体外预应力,以预加力产生的反弯矩部分抵消外荷载产生的内力,从而达到改善旧桥使用性能并提高其极限承载能力的目的。钢筋混凝土梁桥需要加固时,如果桥下净空能够满足通车、通航的要求,可采用体外预应力加固法。

体外预应力加固法具有加固、卸荷、改变结构内力的三重效果,适用于中小跨径的梁式桥;对于较大跨径的桥梁,采用本方法加固时宜同时配合其他加固方法进行综合加固,以达到较好的加固效果。

工程实践表明,用体外预应力索加固桥梁具有如下优点:

（1）能够较大幅度地提高旧桥承载能力。加固后所能达到的荷载等级与原桥设计标准及安全储备有关，一般情况下可将原桥承载力提高 30%~40%。

（2）体外预应力索加固技术所需设备简单，人力投入少，施工工期短，经济效益明显。

（3）在加固过程中，可以实现不中断交通或短时限制交通。

（4）对原桥损伤较小，可以做到不影响桥下净空，且不增加路面标高。

常用的体外预应力加固技术有：外部预应力钢丝束加固法和下撑式预应力拉杆（粗钢筋）加固法。

2. 外部预应力钢丝束加固法

采用外部预应力钢丝束（钢绞线）加固梁式上部结构，一般沿梁肋侧面按某种曲线线形（常用的有抛物线形等）设置预应力钢丝束，通过张拉预应力筋实现体外预应力。为保证曲线线形并固定钢束位置，在梁底每隔一定间距离（50~100 cm）设置一个定位箍圈（由梁底向上兜），或者在梁肋侧面埋设定位销。钢丝束的两端头则穿过梁端翼缘板上的斜孔伸至梁顶锚固（图 8-1）。

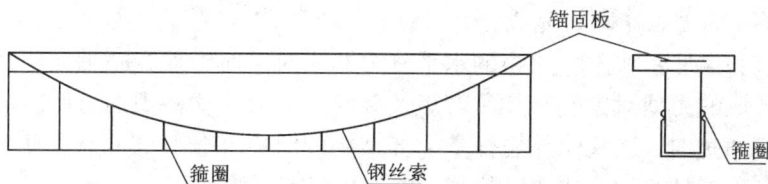

图 8-1　外部预应力钢束丝加固图

为了防止钢丝束锈蚀，预应力钢丝束应放在保护导管内，或者待张拉后在钢丝束周围用混凝土包裹。采用预应力钢丝束加固时，由于设置并张拉钢丝束常增加梁端上缘的压应力，从而导致梁端上缘混凝土因抗压强度不足而开裂，因此，有时采取同时适当加厚桥面板的做法以加强受压翼缘。

3. 下撑式预应力拉杆（粗钢筋）加固法

按加固对象不同，该方法分为预应力拉杆加固及预应力撑杆加固。

（1）预应力拉杆加固

根据加固目的及被加固结构受力要求的不同，预应力拉杆加固又分为水平式或称直线式[图 8-2（a）]、下撑式或称折线式[图 8-2（b）]及混合式等拉杆布置方式。对于梁，水平式拉杆适用于正截面受弯承载能力不足的加固；下撑式拉杆适用于斜截面受剪承载力及正截面受弯承载力均不足以及连续梁的加固；混合式拉杆适用于正截面受弯承载力严重不足而斜截面

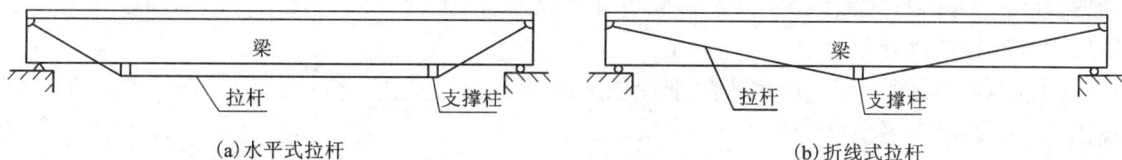

(a)水平式拉杆　　　　　　　　　　　(b)折线式拉杆

图 8-2　预应力拉杆加固

受剪承载力略微不足的加固。对于桁架，水平式拉杆主要用于下弦杆受拉承载力不足的加固；下撑式拉杆适用于跨中下弦杆及端腹杆受拉承载力不足的加固；混合式拉杆适用于下弦杆承载力较端腹杆承载力更严重不足的加固。对于框架、刚架、连续梁等，主要采用与结构弯矩图相应的连续折线式拉杆加固方案。

（2）预应力撑杆加固

按被加固柱受力要求的不同，预应力撑杆加固又分为双侧撑杆加固及单侧撑杆加固。双侧撑杆适用于轴心受压及小偏心受压柱加固，单侧撑杆适用于受压区配筋量不足或混凝土强度过低的弯矩不变形的大偏心受压柱的加固。

若对简支梁采用下撑式拉杆体外预应力加固，即可视为改简支梁为上承式桁架梁。桁架的上弦即为原结构主梁，下弦是水平拉杆，腹杆是斜拉杆，把与滑块接触的垫块视为竖杆，单垫块为单柱式，双垫块为双柱式。斜杆的上端锚固位置有两种：一种锚于梁端的顶部；另一种锚于靠近端横梁处的梁肋顶部，斜杆的下端与滑块连接。滑块依赖拉杆收紧后产生的上托力和滑移时的摩擦力与上弦连接。对斜杆的张拉不是直接施加拉力，而是随着水平拉杆张拉力增加，下端滑块产生相应的移动，使它的长度增大。当水平拉杆张拉力达到设计量后，将它的两端锚固，加固工作即告完成。

在斜杆顶端和梁底垫块上作用力的水平分力共同对梁体施加偏心轴向压力，上述作用力的竖向分力所形成的力偶对梁端施加负弯矩及竖向负剪力。这些预加力可以抵消或超过恒载作用力。在车辆通过时，这些体外拉杆是上部结构的组成部分并与原有梁体共同受力，形成超静定体系。各拉杆的张拉力将自动增加，进一步起到加强作用。

二、体外预应力加固法施工方法与质量控制

1. 体外预应力加固工艺流程

桥梁体外索加固施工中，由于各种加固体系的构造形式不同，其施工方法也不尽相同，但其工艺流程是有共性的。根据国内桥梁体外预应力加固的工程实践归纳出桥梁体外预应力加固施工的工艺流程（见图 8-3）如下：

1）下部预应力钢丝束补强加固

外部预应力钢丝束补强加固的施工工艺流程如下：

（1）钻孔：在梁端顶面先凿出锚固槽再沿梁肋两侧方向按设计斜度钻孔。

（2）安装锚固板：锚固板一般用厚 15 mm 的钢板制成，在钢丝束位置上钻出穿丝孔，用环氧砂浆将锚固板固定在锚固槽内。

（3）安装定位销或定位箍圈：U 形定位箍圈常用 $\phi 12 \sim \phi 16$ 钢筋焊制，顶端设有穿钢丝束用的套环。钢丝束（钢绞线）由一端锚固板穿入经过各定位箍圈，再从另一端锚固板穿出并收紧后用轧丝锚头固定。

（4）张拉：在钢丝束一端用张拉千斤顶或绞车张拉钢丝束，待达到设计张拉值后即进行锚固，再浇筑封头混凝土。

（5）防护处理：钢丝束涂上红丹防锈漆，外面再罩以砂浆或混凝土保护层，或者用套管封闭钢丝束。

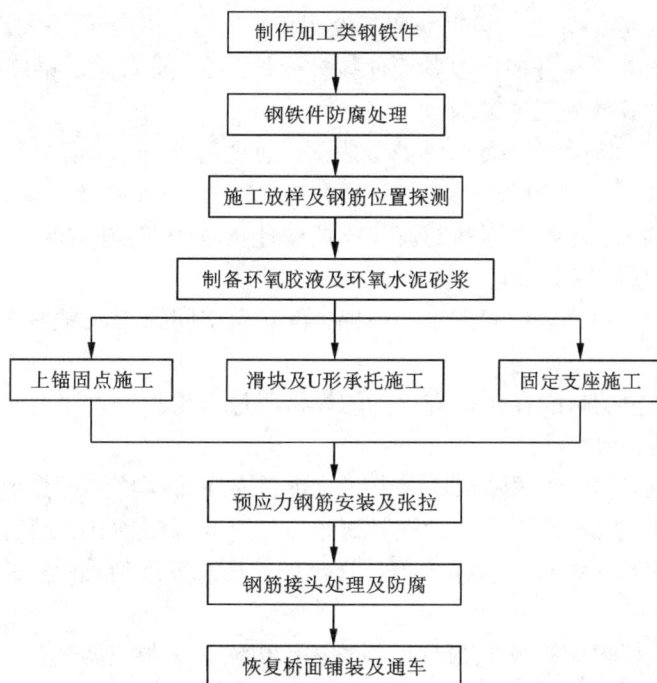

图 8-3 桥梁体外预应力加固施工的工艺流程

2)下撑式预应力拉杆(粗钢筋)加固

预应力拉杆补强加固根据施加预应力方式的不同,可以分为横向收紧张拉法、纵向张拉法、竖向顶撑张拉法三种。

(1)横向收紧张拉法(图 8-4)

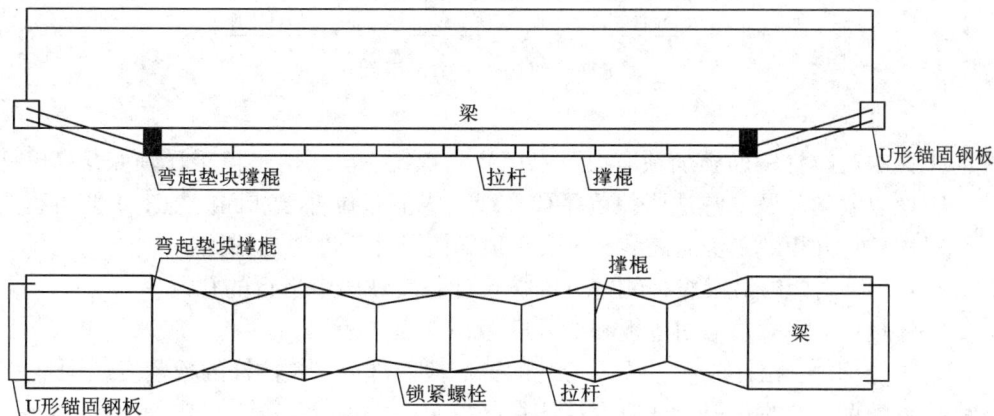

图 8-4 横向收紧张拉法示意图

作为拉杆的粗钢筋分两层布置在梁肋底面两侧，在靠近梁端适当位置向上弯起，与固定在梁端的钢制 U 形锚固板焊接。粗钢筋弯起处用短柱支撑，纵向每隔一定间距设一道撑棍和锁紧螺栓。通过收紧器将拉杆横向收紧而使拉杆受拉，控制张拉力，梁体产生预压应力。

横向收紧张拉的具体施工工艺流程为：

①粘贴锚固钢板：将梁端混凝土保护层凿除，使主筋外露，清除碎渣、浮浆后用环氧砂浆粘贴 U 形锚固钢板。

②焊接拉杆粗钢筋：先将粗钢筋的弯起段按设计角度焊在锚固板上，然后用夹杆焊将粗钢筋的水平段与弯起段焊在一起。

③安装张拉装置：先放好弯起点垫块撑棍，再安设中间撑棍及锁紧螺栓，紧贴锁紧螺栓处安放收紧器。

④预张拉：预张拉的目的在于检查拉杆的焊接质量。预张拉力按设计张拉力的 0%~80% 控制，预张拉力保持 12 h 后卸除。

⑤张拉：旋紧收紧器，使两侧拉杆向中间收拢，按设计收紧量对称地分次收紧。达到设计收紧量后再收紧 1~2 mm，然后拧紧锁紧螺栓，并用双螺帽锁住，最后卸除收紧器。各段拉杆横向收紧的距离按根据设计预应力值计算出的拉杆总变形值确定，并通过几何关系计算出具体的数值。

⑥防护处理：拉杆粗钢筋及 U 形锚固板均需涂以防护涂料以防锈蚀。

（2）纵向张拉法（图 8-5）

当采用纵向张拉法补强加固时，拉杆钢筋仍沿梁底布置，两端向上弯起。它与横向收紧张拉方法的不同之处在于，拉杆两端弯起段通常由翼缘板上的斜孔伸至桥面，拉杆端部设有丝扣，用轧丝锚具锚固于梁顶的锚固槽内。

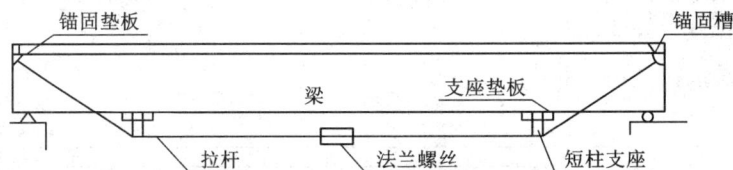

图 8-5　纵向张拉力示意图

纵向张拉法对拉杆钢筋施加预应力可以用旋紧螺帽、端部用张拉千斤顶张拉、拉杆中间设置法兰螺丝收紧丝扣及电热法张拉等手段完成。纵向张拉补强加固的施工工艺流程为：

①开锚固槽：凿开梁端桥面铺装，在梁端顶部按设计斜度凿出锚固槽。

②钻孔：在锚固槽内沿梁腹板侧壁方向按设计斜度钻两个平行的孔洞。

③粘贴垫板：粘贴梁端锚固垫板和梁底的短柱支座垫板。

④安装拉杆钢筋：拉杆分水平段及弯起的锚固段两部分，各拉杆的松紧度应调整一致。

⑤张拉：每片梁上的几根拉杆应保持均衡张拉。

⑥封锚：用防水砂浆或环氧砂浆填入锚固槽封锚。

⑦防护处理。

（3）竖向顶撑张拉法（图8-6）

竖向顶撑张拉法是在梁端底部设置U形锚固钢板，沿梁底设置拉杆；拉杆两端焊在锚固钢板上，在梁的1/4跨径处及跨中（或跨间横隔板）位置设置张紧夹具；张紧夹具安装在固定于梁腹或横隔板上的承托架上给拉杆施加预应力；当拉杆达到设计应力值后，用钢筋混凝土垫块在拉杆与梁底面间楔紧，以固定拉杆位置并保证张拉力；最后卸除张紧夹具和承托架并做好拉杆的防锈处理。

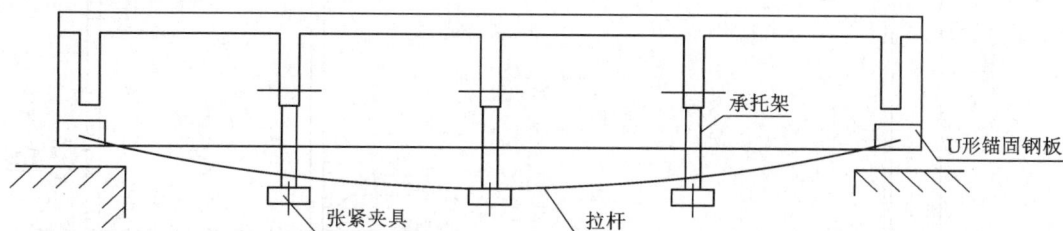

图8-6 竖向顶撑张拉法

在下撑式预应力拉杆加固施工中必须注意到由于横向各片主梁的共同作用使各片主梁的受力相互影响这一特点，当张拉后一片主梁时，前一片已张拉主梁的拉杆中的预应力值将减小。因此，需要对各片主梁进行反复补充张拉，以调整各主梁的预应力度，使各片主梁均达到设计值。

准确地控制拉杆的预应力值，是保证下撑式预应力拉杆补强加固效果的关键。预应力值的控制方法有以下几种：

①拉杆上贴应变片，测量拉杆的应变；

②直接由张拉千斤顶压力表读数；

③用测力扳手测定螺帽旋转力，或控制螺帽转数；

④测量构件的上挠度。

无论采用哪一种方式对拉杆施加预应力，下撑式预应力拉杆均外露在结构外表，拉杆的锈蚀、梁下支撑的位移等都会影响到补强效果；特别是采用横向收紧张拉法施工时，撑棍的变形、锁紧螺栓在行车振动作用下可能发生的松动等，都会使拉杆中的预应力值发生损失，从而降低补强效果。为此，除了严格控制各工艺过程的施工质量外，要认真做好防护处理，并需进行定期检查，加强维修。

2.体外预应力加固施工质量控制

1）施工放祥及钢筋位置探测

（1）上锚固点放样（图8-7）

当斜筋上锚固点位于梁顶或梁端面时，放样比较简单，以单梁顶（端）面的纵轴线为基准线，沿纵桥向量测锚固点距梁端的距离。当锚固点位于梁端时，应量取锚固点距梁底或梁顶面的垂直距离，再沿横桥向对称量取上锚固点的横向距离，标出锚固点的理论位置。

当锚固点设在梁腹板上时，腹板两侧不能通视，可按1∶1比例尺用木板制作的放样架，在腹板两侧分别放样。木板放样架上的定位孔直径应比真实孔径大10 cm，以防在混凝土梁上打孔时将标记线打掉。

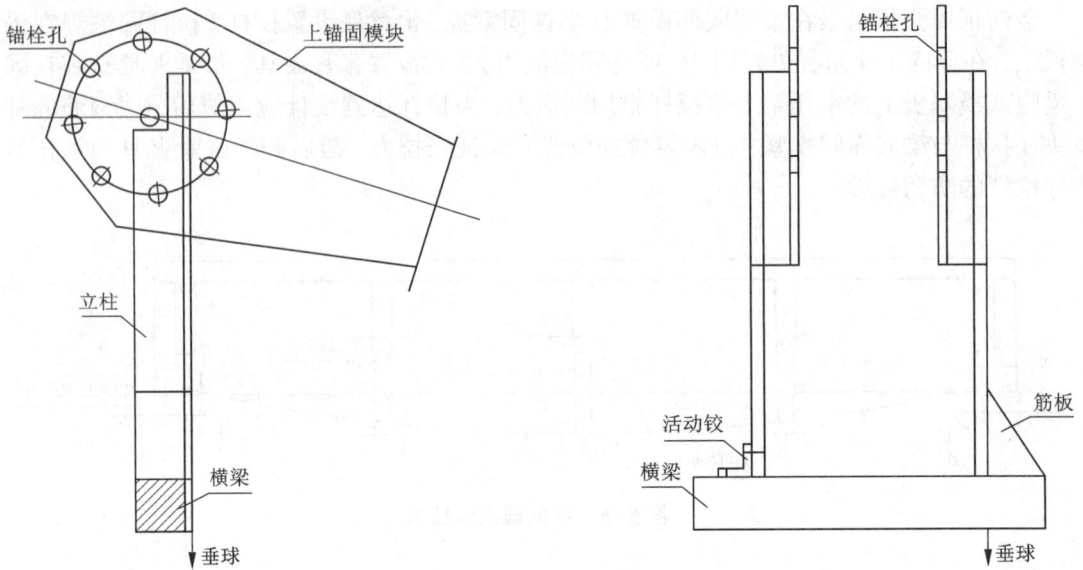

图 8-7　上锚固点放样

由于梁的顶板和腹板中均有钢筋存在，特别是受力钢筋，不应将其切断，可将锚固点位置作适当调整以躲避这些钢筋。因此，梁上的实际锚固点位置与理论点位置会有差异，应限制这种误差。一般情况下可允许上锚固点位置水平移动±10 cm，垂直移动±3 cm。当上锚固点位置偏差较大时，应按其实际位置重新进行校核计算。上锚固点的允许位置偏差可由斜筋的角度及滑块的位置加以调整。

（2）钢筋位置探测

在上锚固点和滑块及固定支座的垫板施工中需为锚固螺栓钻孔，在加固设计中仅根据原结构的设计图纸确定锚固及打孔位置是不够的。由于原桥施工中可能出现钢筋代换及钢筋施工位置偏差，都将为钻孔施工带来很大的麻烦。因此在放样施工中必须探测钢筋位置，这一工作可借助于钢筋位置测定仪或混凝土保护层测定仪来完成。

2）梁顶及梁端锚固设置

对于上锚固点设在梁顶面及梁端顶面的情况，需按设计的斜筋穿出位置，在桥面板或梁端顶面凿穿两个具有与斜筋角度相同的斜孔。首先应掀去桥面铺装层，将梁顶面混凝土保护层凿去，露出钢筋，再将锚固垫板下面的混凝土进行细凿。为了凿好斜孔，应按斜孔的设计角度做一个凿孔架，将凿岩机的钻杆放入凿孔架的槽内，使钻头中心对准理论锚固点。在正式开凿之前还应在理论锚固点上用人工凿一个与钻头大小相近的小坑，以避免开钻时由于钻头跳动而带来孔位偏差。当锚固孔快钻透时，由于钻杆上端紧靠混凝土表面，而下侧已经脱空，这段斜孔往往向下偏移，必须进行人工补凿，以保证斜孔的顺直。上锚孔凿完之后应将梁顶面混凝土清理干净，除去混凝土碎渣。先在开凿后的混凝土表面涂一层环氧胶液，再用环氧水泥砂浆铺平。最后，将上锚固点设在梁顶时，应保证锚垫板的上表面与梁顶面平齐，或略低一点，以确保锚固点有尽可能厚的混凝土保护层；当上锚固点设在梁端顶面时，亦应保证锚固后有足够大的混凝土体封锚。

72

当上锚固点设在梁端底部时,可将锚固钢板热弯成 U 形,直接套在梁端的底部,拉筋焊在锚固钢板的两侧面上。安装 U 形钢板时要先凿除梁端混凝土保护层,露出梁端主筋,以环氧砂浆粘贴钢板并填塞梁端与锚固钢板之间的间隙。

3)腹板锚固

(1)锚栓孔打眼

当上锚固点设在梁腹板上时,首先遇到的问题就是在腹板上打孔。上锚固点施工质量如何主要取决于打孔的质量。对于打孔质量主要有以下三方面的要求:

①孔位必须准确。除要求孔位放样准确处,更要注意钻头跳动而引起的孔位偏差。

②孔眼必须顺直。特别是双向对打时,不能出现错台,否则将给穿锚固栓带来困难。

③尽量减少对孔周围混凝土的破坏,尽量减少对梁体混凝土的削弱。

打孔可采用电锤施工,其最大钻孔直径为 38 mm。在 C30 混凝土中钻直径为 26 mm 的孔,其钻进速度可达 3 cm/s。钻孔施工时,若从一侧钻进穿透腹板,将在腹板的另一侧形成漏斗形孔口,所以,对于穿透腹板的螺栓孔,必须从两侧对打。在打孔开始时应用冲子在混凝土表面打出一个小坑,以免开钻时跳位。在钻孔过程中应保证孔位及方位,必要时可制作专门的打孔支架,以保证打孔质量。

由于钻头顶端带有锥度,当从腹板两侧对钻时,在孔的对头部位将形成颈缩;此外,如果两侧对钻的方向有偏差,两个半截孔也会出现错台现象。因此必须进行修孔。修孔时可用同直径的长钻头从腹板的一侧穿向另一侧。在钻孔过程中遇到钢筋时,必须把钢筋截断并取出才能继续钻进。由于主要受力钢筋在放样时已经避开,因此可能遇到的钢筋多为小直径的箍筋或水平防收缩钢筋。可在钢筋附近局部扩孔,并用小直径的电钻钻头将钢筋切断并剔出,这样做不会影响周围的混凝土。

(2)钢销锚固孔施工

首先,应在腹板上设计位置钻孔。清孔后灌入环氧水泥砂浆并插入钢套管。待环氧水泥砂浆固化形成强度、钢套管固定后再穿入钢销,套上钢丝绳,并在钢销的两端旋紧防止钢丝绳滑落的挡板,以备张拉。

(3)摩阻、黏着式锚固的施工

摩阻、黏着式锚固施工较钢销锚固要复杂一些,其主要难点是定位与钻孔。按前述方法完成定位和钻孔之后,应将锚板下混凝土凿毛,以增加混凝土与环氧水泥砂浆间的黏着力和抗剪强度。凿毛时以凿去浮浆、全部见到混凝土新茬为原则。在加环氧水泥砂浆之前应先进行锚板试安装,应以锚板上所有锚固螺栓都能顺利装上为准,否则必须修孔。试安装后的锚板应编号记录,实际安装时应对号入座。

将带有环氧水泥砂浆的锚固板就位,上螺栓并适当地拧紧。挤出的环氧水泥砂浆可回收再用。当环氧水泥砂浆黏结层硬化并达到 30 MPa 强度时,再将高强螺栓拧到设计吨位。在螺栓施拧过程中,应分为两阶段进行,第一阶段可达到设计吨位的 70%。施拧螺母时应以对称方式进行。

(4)滑块及垫板施工

水平滑块多用 18~30 mm 厚的钢板焊接而成,如用铸铁加工将更为经济。楔形滑块常用钢材制作并焊在型钢斜杆的下端,也可用钢筋混凝土直接浇筑在型钢斜杆的下端。对于后者亦需预留孔道以穿入水平预应力钢筋。

水平滑块的垫板由于受斜筋竖向分力的作用将一直处于受压状态,因此,水平滑块的垫板只需用环氧砂浆粘贴在梁的底面上。施工时应先将梁底混凝土凿去 2 cm 左右,并在混凝土表面抹一层环氧胶液,再用环氧砂浆层找平,然后用临时吊架将支承板粘贴在梁。当在水平滑块上设置四氟乙烯滑板时,可用环氧胶液将其预先粘贴在钢垫板底面或滑块的顶面上。水平预应力钢筋的固定座可粘贴在跨中梁底位置上。

(5)张拉控制应力

加固梁的受拉钢筋应力都较高,所以在加固结束后预应力筋与梁中原受拉钢筋的应力差要较一般预应力混凝土梁中两种钢筋的应力差小得多。另外,需加固的梁挠度较大、裂缝较宽,这些都说明对加固筋施加的预应力值越高,就可以更多地改善被加固梁的受力状态。因此,张拉控制应力 σ_{con} 宜定得高些,但也不能定得太高;否则有可能在超张拉过程中,个别钢筋达到或超过其屈服强度,导致发生危险。

这里必须指出,由于加固筋对原梁混凝土产生的预压力一般较小,所以混凝土的徐变损失较小,甚至没有。这就是说在同样张拉控制应力的条件下,加固筋的最后应力值可能会较一般预应力梁中的预应力的应力值高。

4)预应力拉杆或撑杆

预应力拉杆或撑杆的锚固件,应用乳胶水泥或铁屑砂浆,并通过膨胀螺栓锚固在坚实的混凝土基层上,结合面应进行粗糙和清洁处理。拉杆或撑杆预应力施加方法应根据施工条件及预应力值大小确定。预应力值较大时(>150 kN),宜用机械法张拉或电热法张拉;预应力值较小时,可用横向张拉、竖向张拉及花篮螺栓等张拉方法。对于预应力撑杆还可以采用钢楔楔顶法。预应力拉杆就位前应进行调直。对于大跨结构高空作业,为便于拉杆能准确就位,宜采用螺栓张拉头或花篮螺栓作为辅助的就位措施。此时,应于拉杆两端或中部焊上相应的螺丝端杆;对于直接焊接连接,拉杆应在绷直定位的情况下与锚件焊接。

电热法、横向张拉、竖向张拉及楔顶法等预应力施加方法,其变形控制量△应以拉杆或撑杆真正开始受力时的值作为张拉的起始点(零点)。多点横向张拉及竖向张拉,各点张拉螺栓应同步进行拧紧。拉杆、撑杆张拉控制不宜超过规定的数值,对于预应力撑杆,σ_{con} 取值还必须受施工阶段的稳定要求控制,否则应采用多道专用卡具等辅助防失稳措施。

预应力撑杆加固柱,撑杆与构件之间宜采用环氧树脂灌浆湿式连接,此时,缀板(连接箍板)应紧贴构件结合表面与角钢平焊连接。为避免撑杆因焊接受热而产生过大的预应力损失,施焊应采取上、下缀板轮流进行。

预应力拉杆、撑杆、缀板及各种锚固连接件,均应采用有效的防腐、防火保护措施。

三、体外预应力加固双曲拱桥实例

1. 桥梁概况

某桥为二孔 34 m 双曲拱桥,下部为钻孔灌注桩基础(桥台为扩大基础)、混凝土桥墩、浆砌块片石组合式桥台,始建于 1969 年。修建不久,即发现拱顶下沉,尤其靠 0# 台一孔,拱顶下沉较大,1988 年检测时下沉量为 12 cm;拱顶下缘拱肋(从左 1/4 至右 1/4)开裂,五条肋分别有 20~26 道裂缝,总宽度达 40 多 mm,其中以中间三条肋裂缝较宽,达 8~9 mm,主拱脚背面有一道几毫米宽的裂缝。

为了对该桥技术状况进行了解，加固前进行了静载检测，包括实际拱轴形状丈量、沉降观测、裂缝观测和混凝土强度检测等。检测完毕后再根据实测的拱轴形状，以公路-Ⅱ级进行了内力验算。验算表明，拱顶下缘拉应力达 2.55 MPa，拱脚下缘压应力达 14.3 MPa，均超出容许值。另外实测数据说明，墩台基础沉降已基本趋于稳定。

2. 加固方案的选定

拱桥加固因桥而异，不可能有统一格式，主要有下列几种方法：

(1)增大结构受力截面或补强，即在主梁或拱肋外加筋，再包裹混凝土；或增加新的梁或拱肋，共同受力。

(2)用外部预应力加强上部结构或对下部结构施加推力、拉力。

(3)改变桥梁结构体系，由拱式改为梁式，或拱梁结合。

(4)用箍套或灌浆法加固墩台，在开裂的墩身上加钢筋混凝土箍套，或对墩台空隙压灌水泥砂浆。

(5)用喷锚或压注环氧树脂等修补裂缝或补强截面。

(6)用抛石压浆或加桩法加固桥梁基础。

(7)用环氧树脂粘贴钢板或钢筋补强等等。

双曲拱桥施工时是"化整为零"，承受荷载是"集零为整"。当上部结构产生多种裂缝后，即破坏了其整体性，变成了松散结构。前些年对双曲拱桥的加固工作，无论是增强板间联系，还是修补裂缝、补强截面，都是为了恢复其整体性，提高承载能力。

主拱圈属于偏心受压结构，虽然设计时尽量使拱轴线与压力线重合，但由于荷载等因素影响，仍然会产生偏心压力，所以一般情况下，主拱圈拱顶下缘、拱脚上缘受拉，容易产生裂缝。预应力钢筋混凝土梁设计原理提示我们，可以在双曲拱主拱圈受拉边相应施加预压力。对需要加固的双曲拱桥而言，即相应于后张法施工的双曲拱主拱圈构件。

由于大多数双曲拱主拱圈形状是悬链线或抛物线，而钢筋要布置成圆滑的曲线，并且张拉受力是十分困难的。为了解决这一困难，可以在主拱计算控制截面受拉边，即拱顶截面下缘和拱脚截面上缘，按折线布置预应力筋，转折点可设于空腹式拱的腹孔内，两端借助于桥台和拱脚进行锚固。

上述钢筋采用高强钢丝和Ⅳ级螺纹钢筋，预应力加力方法可以采用多种形式，视加固桥梁实际情况予以确定。为了防止钢筋生锈，水平高强钢丝可参照斜拉索的型式，用注塑机注塑外裹；拱脚Ⅳ级钢筋则可用混凝土保护层保护，与原主拱圈拱板连成整体。这对加强主拱圈强度十分有利。

对交通较繁忙，目前仍在通车的双曲拱桥来说，上述方法可以显示其优越性。因桥面下进行打眼、穿索或喷射混凝土时，桥面仍可维持通车，只在必要时中断交通，能将行车干扰减少到最低限度。

在施工加固过程中，必须注意腹孔预应力筋转向接头部位台下的压力，防止主拱圈失稳；同时必须验算此截面处主拱圈的抗剪强度。

双曲拱主拱圈径向裂缝是最普遍的病害，这些裂缝的发展对承载能力的影响极大。上述方法正是针对径向裂缝的治疗。初步设计预算表明，本法比补强拱肋等要节省经费 10%～20%，且使用劳力较少。

根据对双曲拱桥设计计算的特点可知，较为普遍的现象是拱顶下缘拉应力和拱脚下缘的压应力较大，属于两个控制截面。如何能同时使拱顶截面下缘应力改善和拱脚截面中性轴上移，这是改变结构受力的需要。近年来，我国桥梁结构采用预应力已经较为广泛，体外预应力用来加固梁桥也有所见，但将体外预应力应用于双曲拱桥加固，则属首次。因为拱式结构不像梁式受力简单，需要十分细致和大胆尝试，然后才能总结推广。在考虑施工方案和受力计算过程中，合理确定拱圈应力作用位置、大小、锚固方式、施工操作可能性，及拱脚截面拱上横梁新老混凝土结合等一系列问题，是设计计算的关键。经反复计算论证比较，提出采用体外预应力加固双曲拱桥上部构造。这一工艺结构形式新颖，工程造价节省，稳定性好，耐久性好，属国内首创，具有国内领先水平。主要设计构思见图8-8。

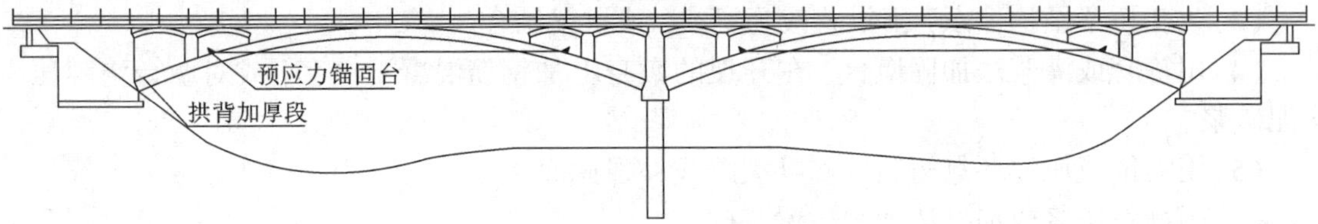

图 8-8　体外预应力加固示意图

3. 方案的优点

（1）用体外预应力加固双曲线拱桥，免去了桥面开挖，不需要肋下灌注混凝土而必须搭设满堂支架和为数众多的模板等大量辅助工作，因此大大节省投资。本桥采用体外预应力方案与增加拱肋截面方案相比较，其费用前者只是后者的40%左右；若按新修一座桥梁计算，体外预应力加固只需其费用的15%～10%。国外一般认为，旧桥加固若只需新修桥梁费用的50%，即是合算的。可见体外预应力加固费用十分低廉，若能获得推广，其社会、经济效益将是十分可观的。

（2）由于桥面只作少量填补工作，避免了因加固而需新修渡口或临时便道，没有给行车运营带来干扰，大大地减少了临时工作量。对旧桥加固来说（对勉强维持通车的旧桥），能够做到不中断行车，是非常难能可贵的。因节省了大量临时工程费用，而且不妨碍交通，其带来的社会、经济效益是十分明显的。

（3）施工操作条件比其他加固方式优越；不需要大量的模板制作安装，混凝土灌注作业从上往下，质量容易控制；没有大量的混凝土凿除，只需电锤和风枪打眼，但都在空腹拱内操作，安全性好；由于采用了单索钢绞线张拉，施工机具少，作业场地小，能节省大量机具费、人工费。

（4）采用PE热挤钢绞线，可以有效地防止钢绞线锈蚀，延长其使用寿命。由于是单股钢绞线张拉，又是体外索，换索操作很方便，不存在使用年限的制约。在施工中如果多预留孔道还可通过增减预应力索来调整结构受力，完全可以人为控制应力，给设计施工带来方便。此方法不仅对双曲线拱桥可以采用，对其他形式的拱桥也可以采用，应用范围十分广泛。

（5）本方法通过理论计算，在具有充分的理论根据基础上，构思巧妙，形式新颖，所加预应力和普通钢筋位置恰到好处，适应了不同材料的性能要求，只用了较少的材料，获得了较大的受力效应，因而大大节省了用钢量。

（6）用体外预应力加固双曲拱桥上部结构，挖掘了非控制截面的潜力，补强了控制截面的承载能力，因而最大限度地使用了材料受力性能；而且此方法不需开挖桥面，在施工加固期间不必中断交通,对于交通繁忙的干线公路,意义十分重大。由于预应力张拉及混凝土浇筑均在空腹拱内进行,能节省大量支架及模板,且工作安全可靠。

4.加固效果评价

通过加固前后的静载检测和裂缝观测可知,其加固效果十分明显。

(1)加固前后均采用同种车型相同重量(400 kN,加固后实际超重3%,达410 kN多)在同一位置(在拱顶正中,两车相对而行)加载。加固后实测拱顶挠度比加固前平均减少52.7%,四分点减少65.3%,效果很好。从计算挠度值对比看,加固后的实测挠度仅为计算值的1/3左右,见表8-1。在加固检测中还发现,卸载后拱顶产生较大回弹(即拱顶上升)。这是因为预应力索的作用,使拱顶下缘承受由预应力产生的压应力,达到了预期效果。

表8-1 加固后静载实测挠度与设计计算挠度值比较

加载重量	量测部位	实测平均值/cm	计算值/cm
400 kN	拱顶	1.84	5.43
	l/4	0.51	1.87
	l/4	0.35	1.18

(2)从拱顶应变变化可以看出,加固前拱顶下缘为拉应力(由于应变片只能粘贴于裂缝之间,裂缝之间较大的拉应变无法测出),加固后应变片粘贴于同一位置,拱顶下缘出现了压应力(个别出现拉应力,其值很小);而且卸载后,拱顶下缘压应力继续增大,与挠度变化相对,证明预应力已完全起作用,见表8-2。

表8-2 加固前后拱顶下缘实测应变比较

荷载	肋号	加固前	加固后
300 kN	I	7	−18
	III	9	−9
	V	14.5	0
400 kN	I	10	−7
	III	12	−4
	V	20	8

【思考题】

1.体外预应力加固法的基本原理是什么?
2.用于加固的体外预应力有哪些类型?
3.体外预应力加固有何优点?
4.粗钢筋的横向、纵向、和竖向张拉法有何区别?

第九章　下部结构加固方法

【学习要求】

如何对桥梁地基进行加固，改善和提高基础的承载能力，是旧桥加固的重要内容。本章主要介绍了砂桩法和注浆法进行地基加固处理的原理、方法及其主要特征。并以某两座桥的地基加固为例，全面介绍了这两座桥的沉降病害情况，对原结构进行了复算，进行了加固设计、计算和方案比选，说明了施工工艺、要点和过程，并进行了加固效果评价。通过本章的学习，学生重点掌握桥梁地基加固原理和方法。

【知识目标】

(1)了解常见的地基加固方法；
(2)理解旋喷注浆加固法的原理和优点；
(3)掌握扩大基础加固法、补桩加固法、套箍护套加固法的施工方法。

【能力目标】

(1)能正确根据地基情况选用加固法；
(2)能正确进行地基加固法的简单设计。

一、桥梁地基加固

1. 概述

当基础下面的天然土基松软，不能承受很大荷载，或上层土壤虽好，但深层土质不良引起基础沉陷时，可采用地基加固方法，以改善提高基础的承载能力。人工地基加固方法很多，一般常用的有砂桩法和注浆法等。

1)砂桩法

当软弱地基层较厚时，可用砂桩法改善地基的承载能力。加固施工时，将钢管或木桩打入基础周围的软弱土层中，然后将桩拔出，灌入经过干燥的粗砂，进行捣实，做成砂桩，达到提高土的密实度的目的。在含水饱和的砂土或黏砂土中，由于容易坍孔，灌砂困难，亦可采用砂袋套管法与振冲法加固地基。

2)注浆法

注浆法是在墩台基础之下，在墩台中心直向或斜向钻孔或打入管桩，通过孔眼及管孔，用一定压力把各种浆液注入土层中，通过浆液凝固，把原来松散的土固结为有一定强度和防渗性能的整体，或把岩石裂缝堵塞起来，从而加固地基、提高地基承载力的一种加固法。

注浆法根据注浆压力的不同,又可分为静压注浆(填充注浆、裂缝注浆、渗透注浆、挤压注浆)和高压喷射注浆(旋转喷射注浆、定向喷射注浆)两大类。注浆法加固桥梁地基,所采用的方法和注浆材料一般都因地质情况的不同而异。本节将详细介绍旋转喷射注浆加固法,简称旋喷注浆加固法。

2. 旋喷注浆加固法

旋喷注浆法是一项正在发展中的地基加固技术,其应用的时间并不长,但由于用途广,加固地基的质量可靠而且效果好,故目前已逐渐成为我国常用的地基处理方法之一。该法除了在铁路、矿山、水电、市政工程、工业与民用建筑和国防等部门的地基加固工程中发挥了卓有成效的作用外,近年来,在道路工程,特别是旧桥地基加固工程中,也得到了一定的实践应用,并获得了显著的经济技术效果。

旋喷注浆法是利用工业钻机将旋喷注浆管置于预计的地基加固深度,借助注浆管的旋转和提升运动,用一定的压力从喷嘴中喷射液流,冲击土体,把土和浆液搅拌成混合体,随着凝聚固结,形成一种新的有一定强度的人工地基。旋喷注浆法加固地基的情况如图 9-1 所示。

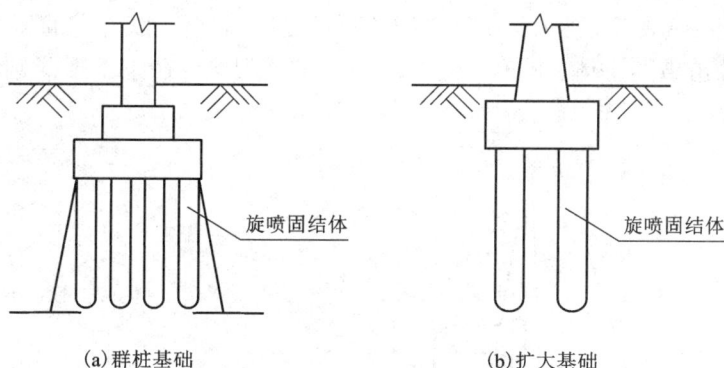

(a)群桩基础　　　　　　　　　　　　　　　(b)扩大基础

图 9-1　旋喷注浆加固法

1)旋喷注浆法的主要特征

旋喷注浆法与静压注浆法有所不同,而且与其他地基处理方法相比,更有独到之处。旋喷注浆法的主要特征如下。

(1)使用范围较广

它能以高压喷射流直接破坏并加固土体,固结体的质量较高,既可用于工程新建之前,又可用于工程修建之中,特别是用于工程落成之后。

(2)确保固结体强度

采用不同的浆液种类和配方,可获得所需不同的固结体强度。

(3)有较好的耐久性

在一般的软弱地基中,和其他工艺相比,因其加固结构和适用范围不同,加固效果虽不能一概而论,但从使用的浆液性质来看,能预期得到稳定的加固效果并有较好的耐久性能。

(4)使用材料来源广、价格低廉

喷射的浆液以水泥为主,化学材料为辅。除在要求速凝超早强时使用化学材料以外,一般的地基工程中均使用料源较广、价格低廉的强度为 32.5 级或 42.5 级的普通硅酸盐水泥。此外，还可在水泥中加入一定数量的粉煤灰，既利用了废料，又降低了注浆材料的成本。

（5）施工简便

旋喷施工时，只需在土层中钻一个孔径为 50 mm 或 108 mm 的小孔，便可在土中喷射成直径为 0.4~2.0 m 的固结体。

（6）固结体形状可控制

为满足工程需要，在旋喷过程中，可调整旋转速度和提升速度，增减喷射压力或更换喷嘴孔径改变流量，使固结体成为设计所需的形状。

（7）设备简单、管理方便

旋喷的全套设备均为我国定型产品或专门设计制造的，结构紧凑、体积小、机动性强、占地少，能在狭窄和低矮的现场施工。施工管理简便，在旋喷过程中，通过对喷射的压力、吸浆量和冒浆情况的量测，即可简捷地了解旋喷参数或改变工艺，保证固结质量。

2）旋喷注浆法的工艺类型

旋喷注浆工艺有以下三种类型。

（1）单管旋喷注浆法

注浆管钻进至一定深度后，由高压泥浆泵等高压发生装置，以一定的压力，将泥浆液从喷嘴中喷射出去冲击破坏土体，同时，使浆液与土搅拌混合，在土中形成圆柱状的固结体，如图 9-2 所示。

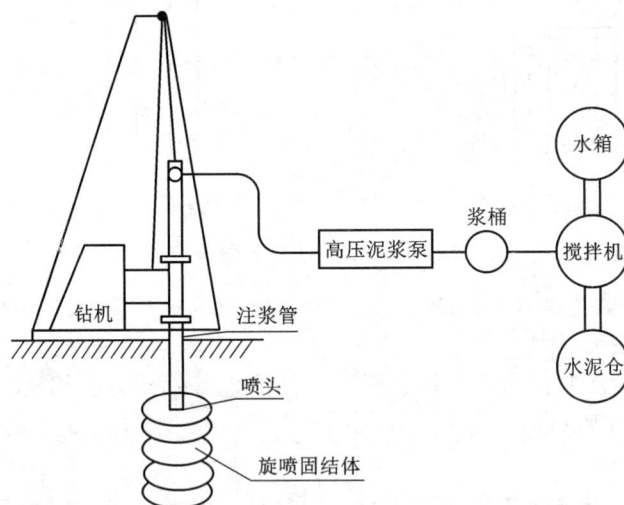

图 9-2　单管旋喷注浆法

（2）二重管旋喷注浆法

使用双通道的二重注浆管，当注浆管钻进至预定深度后，通过双重喷嘴，同时喷射出高压浆液和空气两种介质的喷射流冲击破坏土体，在高压浆液流和它外围环绕空气的共同作业下，破坏土体的能量增大，最后形成固结体的直径也明显增加，如图 9-3（a）所示；

（3）三重管旋喷注浆法

分别使用输送水、气、浆三种介质的三重注浆管，由此可在土中凝固为直径较大的圆柱

状固结体,如图9-3(b)所示:

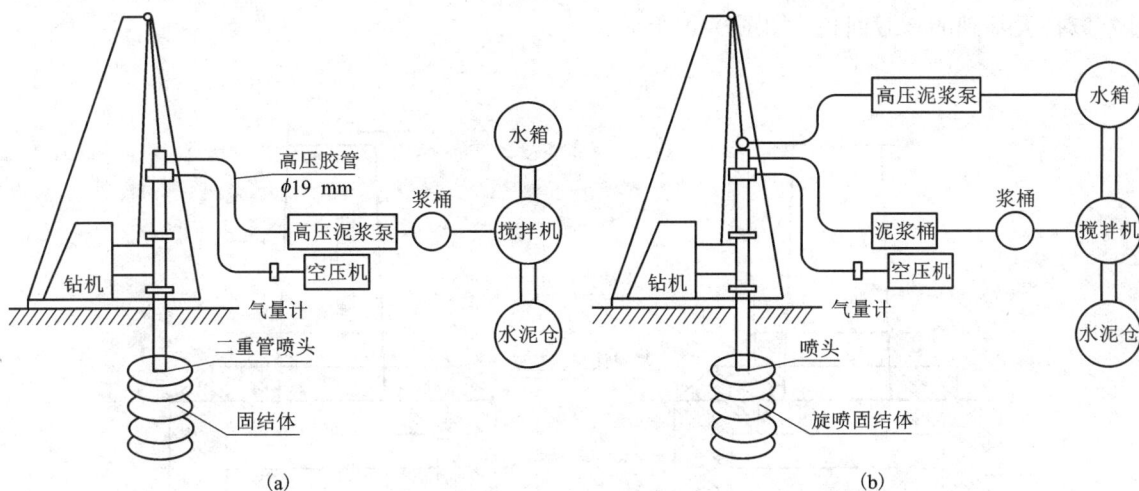

图9-3　旋喷注浆法的施工

3)旋喷注浆法的施工

(1)施工工序

钻机就位→钻孔→插管→旋喷作业→冲洗。

(2)操作要点

①旋喷前要检查高压设备和管路系统,其压力和流量必须满足设计要求。注浆管及喷嘴内不得有任何杂物。注浆管接头的密封圈必须良好。

②垂直施工时,钻孔的倾斜度一般不得大于1.5%。

③在插管和旋喷过程中,要注意防止喷嘴被堵,在拆卸或安装注浆管时动作要快。水、气、浆的压力和流量必须符合设计值,否则要拔管清洗再重新进行插管和旋喷。使用双喷嘴时,若一个喷嘴被堵,则可采取复喷方法继续施工。

④旋喷时,要做好压力、流量和喷浆量的量测工作,并按要求逐项记录。钻杆的旋转和提升必须连续不中断。拆卸钻杆继续旋喷时,要注意保持钻杆有0.1 m的搭接长度,不得使旋喷固结体脱节。

⑤深层旋喷时,应先喷浆后旋转和提升,以防注浆管扭断。

⑥搅拌水泥时的水灰比要按设计规定,不得随意更改,在旋喷过程中应防止因水泥浆沉淀而浓度降低。禁止使用受潮或过期的水泥。

⑦施工完毕,应立即拔出注浆管和注浆泵,管内不得有残存水泥浆。

二、墩台基础加固

1. 扩大基础加固法

桥梁基础扩大底面积的加固,称为扩大基础加固法。此法适用于基础承载力不足、或埋置太浅,而墩台又是砖石或混凝土刚性实体式基础时的情况。扩大基础底面积应由地基强度验算确定。当地基强度满足要求而缺陷仅仅表现为不均匀沉降变形过大时，采用扩大基础底面积的方法加固，主要由地基变形计算来加以选定。在刚性实体式基础周围加石砌体或混凝土，以扩大基础的承载面积，如图9-4所示。

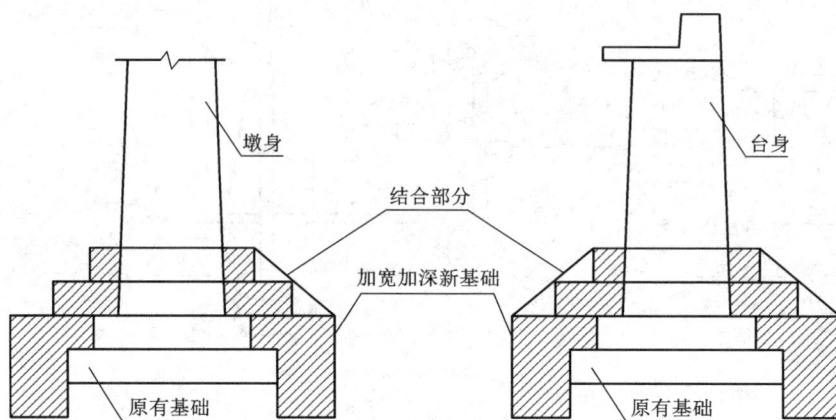

图9-4 扩大基础的承载面积

扩大基础加固法可按下列顺序进行施工：

（1）通常在必须加宽的范围内先打板桩围堰，如桥梁墩台基底土壤不好时，应作必要的加固处理。

（2）挖去堰内土壤，直挖至必要的深度（注意墩台的安全）。

（3）在堰内把水抽干后，铺砌石块（浆砌）或做混凝土基础。

（4）新旧基础要注意牢固结合，施工时，可加设联系（锚固）钢筋或插以钢销，以使加固扩大基础和旧基础牢固地结合成一个整体。

2. 增补桩基加固法

在桩式基础的周围补加钻孔桩或打入钢筋混凝土预制桩并扩大原承台，以此提高基础承载力、增加基础稳定性。这种加固法称为增补桩基加固法，如图9-5所示。

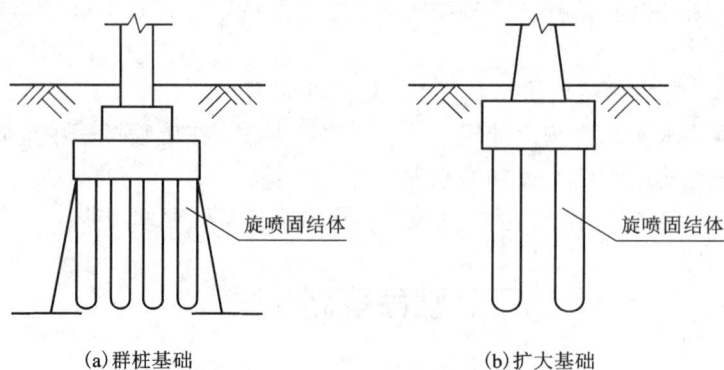

（a）群桩基础　　　　　　　　　　　　　（b）扩大基础

图9-5 旋喷注浆加固法

（1）增补桩基法加固墩台基础的优点是不需要抽水筑坝等水下施工作业，且加固效果显著。其缺点是需搭设打桩架和开凿桥面，对桥头原有架空线路及陆上、水上交通均有一定影响。

（2）对单排架桩式桥墩采用打桩（或钻孔灌注桩）加固时，如原有桩距较大（在 4~5 倍桩径时），可在桩间插桩；如原有桩距较小且通航净跨允许缩小时，可在原排架两侧增加桩数，成为三排式的墩桩。

（3）如在桩间加桩，可凿除原有承台并浇筑新承台，将新旧桩顶联结走来。但此时必须检查原有承台在加桩顶部能否承受与原来方向相反的弯矩，如不能承受则必须加固原有承台或重新浇筑承台。加固原有承台时，可在承台顶部增设钢筋。

（4）当桥台垂直承载力不足时，一般可在台前增加一排桩并浇筑承台，以分担上部结构传来的压力。打桩时可利用原有桥面作脚手架，在桥面上开洞插桩。增浇的承台可单独受力，也可联结在一起，使旧承台、旧桩及新桩一起受力。

3. 钢筋混凝土套箍和护套加固法

当桥梁墩台出现贯通裂缝时，为防止裂缝的继续发展，使之能正常使用，可用钢筋混凝土围带或钢箍对其进行加固。加固时，一般在墩身上、中、下分设三道围带，其间距应大致相当于桥墩侧面的宽度。每个围带的宽度，则根据裂缝情况和大小而定，一般为墩台高度的 1/10 左右，厚度采用 10~20 cm。为加强围带与墩台的密贴，应在墩身内埋置直径 10~25 mm 的钢销，埋入深度为钢销直径的 20 倍左右，把围带的钢筋网扣在钢销上，埋钢销的孔眼要比销径大出 15~20 mm，先填满销孔再浇筑混凝土，同时填塞裂缝。

当墩台损坏严重，如有严重裂缝及大面积表面破损、风化和剥落时，则可采用围绕整个墩台设置钢筋混凝土护套的方法进行加固，如图 9-6 所示。

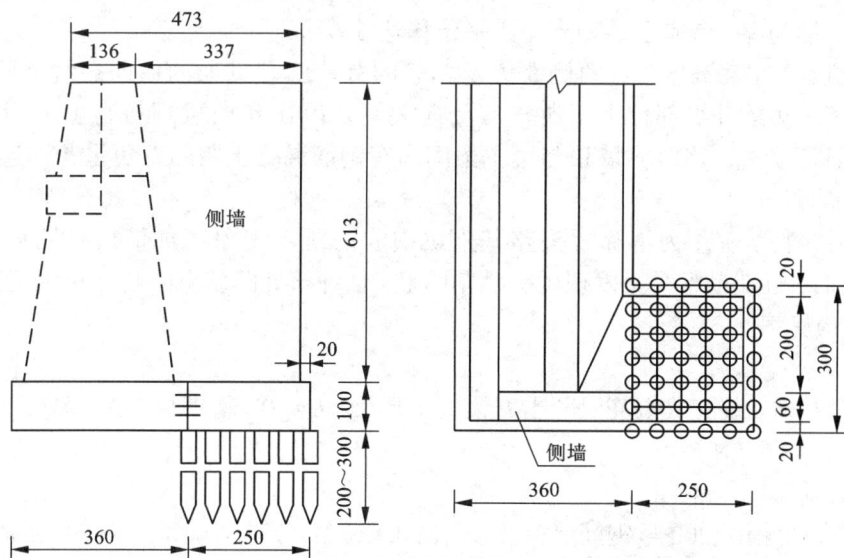

图 9-6　设置钢筋混凝土护套的方法进行加固示意图（尺寸单位：mm）

三、钢筋混凝土T梁桥桥台维修加固实例

1. 桥梁概况

某桥于 1958 年完成设计，下部构造为半永久式石砌墩台、上部构造为木桁架。1959 年下部构造完工，1960 年全桥建成。在修建过程中曾对基础等工程进行了设计变更。1963 年上部木结构腐朽，需要改建。由于 1958 年进行下部构造设计系按日后改建钢筋混凝土上部构造考虑，故改建设计仅限上部构造和墩台的局部调整。于 1964 年开始改建，1965 年 3 月正式通车。

大桥设计荷载为汽-13、拖-60，桥面净宽为净 7 m+2×0.25 m，全桥平坡。

上部构造为 11 孔跨径(墩中距) 20 m 的钢筋混凝土 T 形梁，设计标号为旧 250 号。横向五片梁，梁距 1.60 m。主梁固定支座为带齿板的切线钢板支座，其活动支座为钢筋混凝土摆柱支座。桥面在各墩上均为钢板伸缩缝，在梁台衔接处为沥青伸缩缝。

0#台为独立前墙桥台，一字式翼墙。基底置于天然地面以下 2 m 深处，其下有 1 m 厚砂垫层。台前基顶裸露。护坡始于基顶以下。九江台施工时已发现基底土壤承载力不足，故加 1 m 厚砂垫层。虽砂垫层已分层洒水夯实，但垫层面积、厚度均未作详细计算。

九江台台型式同南昌台，基础置于高差不一的岩层上，台背填土较低。

2. 桥梁主要病害

(1) 0#台桥台台帽、基顶上下游标高相同，但较竣工时明显降低。以第一孔及桥面中心线标高计算，南昌台已下沉 11 cm，使第一孔形成具有纵坡 0.5%。根据竣工图与实测值比较，台身约向路堤方向后倾 3°~4°。

(2) 主梁与桥台背墙顶紧。由于背墙为浆砌片石，表面不平整，主梁与墙面突出处完全密贴，已无伸缩间隙，台帽上活动支座水平位移达 6.6 cm。

(3) 在相当于梁底高度处，两侧翼墙及相联的背墙已有贯通的横向裂缝，最宽处达 5~6 cm。在背墙上边梁外缘部位上下游均有竖向裂缝。1981 年时发现桥台上的裂缝，但未处理，以后便日渐严重。当时翼墙顶与边主梁间尚有钢筋混凝土制的五角星花饰连接，因后来开裂严重而拆除。

(4) 台后路基下沉。为消除桥头路基下沉引起的跳车现象而加铺后台路面约 4~5 次。1986 年加高后，近期勘察时又发现桥头跳车明显，估计该处路基沉陷自建桥后至少有 20 cm。

3. 原结构复算

结构复算依据：

(1) 上部构造：装配式钢筋混凝土五梁式 T 形梁，$L=20$ m，钢板支座，双车道，通航，上部结构总重 1743.1 kN。

(2) 设计荷载：公路-Ⅱ级。

(3) 材料：台帽旧 200 号钢筋混凝土 $\gamma=25$ kN/m³；台身基础采用旧 75 号浆砌片石 $\gamma=25$ kN/m³；台后填土 $\gamma=17$ kN/m³，土壤内摩擦角 $\psi=31°$，摩擦系数 $f=0.4$。

(4) 桥台尺寸：见图 9-7。

(5) 复算项目：恒载、主动土压力计算；稳定性、地基承载力复算。

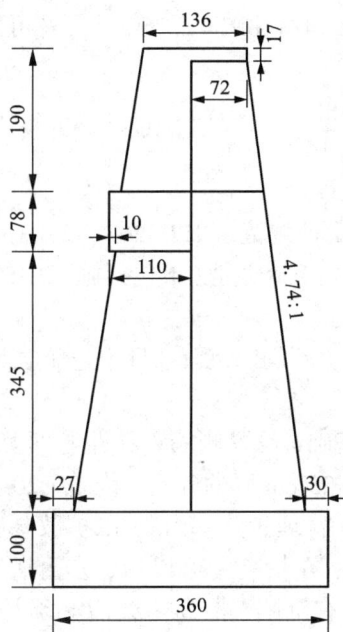

图 9-7 桥台尺寸图(尺寸单位：cm)

计算模型的选择：

按常规 U 形扩大基础重力式桥台计算模型分别对地基及基础的应力、沉降和稳定性进行验算。

计算结果分析：

由于桥台加固时需要基坑开挖，台后土压力卸载，故可以认为加固后的桥台作为整体承受除自重外的其他荷载。

(1)荷载计算

竖向力：$N = 5267.4$ kN(包括基础以上土的自重)

对基底前缘力矩：$M = 10357.3$ kN·m，L_N：1.966 m

(2)无车辆荷载时后台水平主动土压力(朗金公式)

$E_n = 137.4$ kN/m，距基底 $C = 2.38$ m

(3)有车辆荷载时后台水平主动土压力

$EH = 168.2$ kN/m，距基底 $C = 2.59$ m

(4)荷载组合

$\sum M = 168.2 \times 2.59 - 526.74 \times (1.966 - 3.6/2) = 348.2$ kN·m/m

$\sum N = 526.74$ kN/m

(5)基底应力偏心距

$e_0 = \sum M / \sum N = 348.2/526.74 = 0.66$ m $> B/6 = 0.6$ m （不满足要求）

(6)倾覆稳定性

$k_0 = r/e_0 = 1.8/0.66 = 2.73 > 1.5$ （安全，不会发生倾覆）

（7）滑移稳定性

$K_c = f \cdot \sum N / \sum E_H = 0.4 \times 526.74 / 168.2 = 1.25 < 1.3$　　（可能会滑移）

（8）基底应力

$$\sigma_{\min}^{\max} = \frac{\sum N}{A} \pm \frac{\sum M}{W} = \frac{526.74}{3.6} \pm \frac{348.2}{2.16} = \begin{matrix} +307.5 \\ -15 \end{matrix} \text{ kPa} > 200 \text{ kPa}　　（基底承载力不够）$$

4. 基于检测结果的桥梁现状评价

根据《公路桥涵地基与基础设计规范》（JTJ 3363—2019）第 5.3.3 条，墩台的沉降不得超过下列规定：相邻墩台间的不均匀沉降差值（不包括施工中的沉降他），不应使桥面形成大于 2‰的附加纵坡。

根据实测结果，该桥台已发生不均匀沉降，且超过了容许极限值，必须采取加固措施。

5. 加固设计方案

采用扩大基础，改成 U 形基础，设置侧墙。在路基两侧分步开挖至基底下 50 cm，打入 2~3 m 长的木桩，在木桩顶铺垫 25 cm 厚的碎石，浇筑 C20 混凝土基础，将原基础接长成 U 形，每侧约 3 m 宽，其上设置侧墙（埋于路基内），以扩散基底应力。

另外，该桥台已下沉 11 cm，在抬高主梁以后，其上活动支座不再利用，除去并加高台帽，换成橡胶支座。台后路基已有沉陷，抬高主梁后必须加铺台后路面，以保证行车平顺。桥台上的裂缝采用灌浆法修补。

加固计算：

（1）恒载计算

竖向力：$N = 6280.9$ kN（包括基础以上土的自重）

对基底前缘力矩：$M = 1639.2$ kN·m，$L_N = 2.61$ m

（2）无车辆荷载时后台水平主动土压力（朗金公式）

$E_H = 137.4$ kN/m，距基底 $C = 2.38$ m

（3）有车辆荷载（汽–20）时后台水平主动土压力

$E_H = 168.2$ kN/m，距基底 $C = 2.59$ m

（4）荷载组合

$\sum M = 168.2 \times 2.59 - 628.09 \times (2.61 - 2.197) = 176.7$ kN·m/m

$\sum N = 628.09$ kN/m

（5）基底应力偏心距

$e_0 = \dfrac{\sum M}{\sum N} = \dfrac{176.7}{628.09} = 0.281$ m $< \rho = 0.485$ m　　（满足要求）

（6）倾覆稳定性

$k_0 = r / e_0 = 2.197 / 0.441 = 4.98 > 1.5$　　（安全，不会发生倾覆）

（7）滑移稳定性

$K_c = f \cdot \sum N / \sum E_H = 0.4 \times 628.09 / 168.2 = 1.49 > 1.3$　　（安全，不会发生滑动）

（8）基底应力

$$\sigma_{\min}^{\max} = \frac{\sum N}{A} \pm \frac{\sum M}{W} = \frac{628.09}{5.1} \pm \frac{176.7}{2.47} = \begin{matrix} +194 \\ +51 \end{matrix} \text{ kPa} > 200 \text{ kPa}　　（满足要求）$$

加固设计方案比选：

1）桥上伸缩缝清理后进行加固处理

（1）在台前搭设承重支架，安装顶升主梁的千斤顶。

（2）将桥台背墙外侧凿开 20 cm（施工过程中为防止各梁错动，可临时用木楔塞住凿开的间隙，各梁端均打开后再撤除），并对背墙、翼墙上裂缝进行压浆修补。

（3）顶升主梁，使梁处于水平位置。

（4）拆除支座摆柱，立模现浇或预制安装 30 cm 左右厚度的加厚台帽及垫石。置以 5~6 cm 高的橡胶支座，其上仍利用原梁上支座钢板。

（5）立模现浇背墙凿开部分及加高背墙顶，留好伸缩缝位置。

（6）台上设置伸缩缝。

2）台后加固处理方案

（1）改成 U 形基础，设置侧墙（方案一）：在路基两侧分步开挖至基底下 50 cm，打入 2~3 m 长的木桩，在木桩顶铺垫 25 cm 厚的碎石，浇筑 C20 混凝土基础，将原基础接长成 U 形，每侧约 3 m 宽，其上设置侧墙（埋于路基内），以扩散基底应力。

（2）灌注混凝土加固（方案二）：在台后 5 m 左右范围内用钻机打梅花孔，深至桥台基底，孔距为 40~50 cm，然后灌注混凝土，使台背土壤取得一定程度的固结和增加内摩擦角，从而减少土压力。

经过综合比较，选用方案一，见图 9-8。

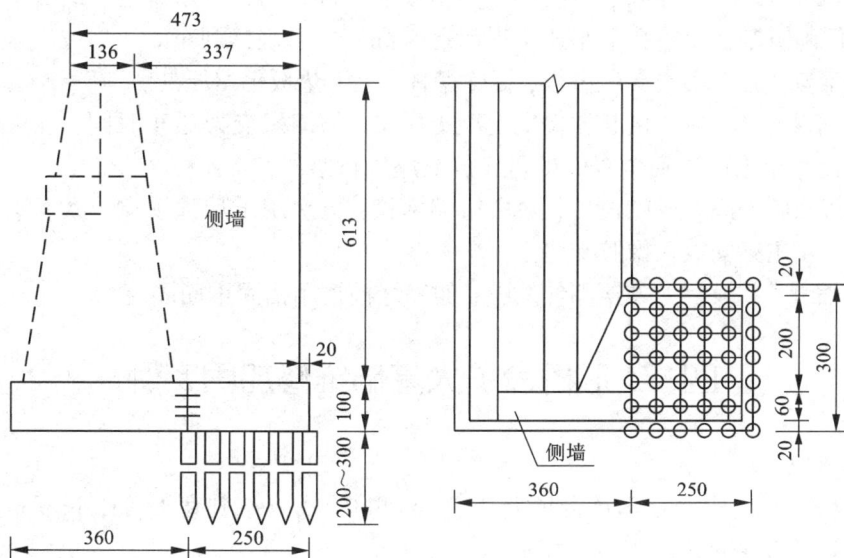

图 9-8 方案一 加固示意图（尺寸单位：mm）

6. 施工工艺要点和要求

桥台侧墙设置：为维持交通，两侧侧墙及基础分别施工，保证施工期内有半幅路基可以通车。施工时应设置行车警戒线，派专人指挥施工地段，车辆在警戒线内通行。

基坑开挖应选择无雨天气，施工时确保边坡稳定性，且速度要快，尽量缩减一边深基坑一边半幅路基通车的时间，同时基底土壤应严格控制不允许扰动。基底加小木桩，主要目的是挤密土壤，提高承载力，如开挖后承载力在 200 kPa 以上可不加木桩。为加强侧墙与原墩台的联结，新加混凝土基础用钢销与原砌体联结起来；同时将原墩身对应于新加部分的一面拆除表层的一部分石块，然后再砌新砌体，使新旧砌体犬牙交错，互相咬紧。这样，就可以达到增大桥台基础面积，提高桥台承载力的目的。加固后侧墙与原桥台联结在一起，则增加了竖向承压面积，又由于侧墙的自重而增加了抗水平推力的摩阻力。

回填土仍用原路砂性土，必须分层洒水夯实。基坑回填完成后再铺筑桥头路面。

顶梁支架搭设：顶梁支架应确保牢固，每片主梁下应能支撑 250 kN 以上的重量。千斤顶安装应稳妥可靠，宜选用顶升力为 200~250 kN 千斤顶 5 台，每梁下设置一台；且应在确定千斤顶型号尺寸后再搭设支架，控制支架顶面高度。

打凿桥台背墙：按设计图在桥台全宽范围内打凿背墙。为维持正常通车，缝上可设专用跳板。

顶升主梁：顶升高度约 11 cm，以水准仪控制，顶至使第一孔梁水平为止。

顶梁前应做好支架安全检查，并对千斤顶进行检查，千斤顶与主梁接触处应垫以硬木等分散集中力，并准备好各梁端楔块及顶升垫块以及恢复交通用的专用跳板。准备就绪后宜进行一次试顶，以确定顶升程序及检查观测人员，然后方可顶升。顶梁时应暂时中断交通。

顶升过程中各千斤顶应力求同步，避免主梁隔板焊缝及附近混凝土开裂。顶升至设计高度后，各梁下应立即设置好垫块；然后松顶，使主梁平稳地搁置于支架垫块上；然后在每片梁与台帽背墙间及时嵌入木楔，使主梁垫块不致承受过大的行车水平力；最后架上专用跳板开放交通，但须限制在第一孔上车速不得超过 5 km/h，且严禁刹车。

拆除原活动支座：割去支座齿板，拆除摆柱，上下垫板仍留原处。

现浇台帽及背墙：应严格掌握捣实混凝土质量，为缩短支架通车时间，混凝土中可加入早强剂。在混凝土强度达到 70% 时即可安放支座进行落架。

落架：将橡胶支座安放就位后，除去梁端木楔；再次用千斤顶顶梁，拆下支座垫块。逐次循环松顶，使主梁安放在橡胶支座上。

安装伸缩缝：装设台上聚氨酯伸缩缝，伸缩缝槽钢用锚固钢筋固定。

四、U 形桥台扩大基础维修加固实例

1. 桥梁概况

某跨线桥下部结构为 U 形桥台扩大基础，台高 9.8 m，基础宽 11 m，长 9 m。1978 年底建成并架设钢梁和铺设钢筋混凝土桥面。

2. 桥梁主要病害

1979 年 3 月进行台背填土。当填土到 3 m 时，发现北桥台基础发生严重的不均匀沉陷，至 1981 年 3 月对桥台基础进行加固前为止，桥台前墙左角累计下沉 46 mm，右角下沉 44 mm，台尾左角下沉 112 mm，右角下沉 106 mm。由于桥台向后倾斜，致使桥台胸墙与桥面的伸缩缝增大，由施工完毕时的 7.5 mm 扩大至 210 mm，支座锚固螺栓被拉弯。基础的地质情况如图 9-9 所示。

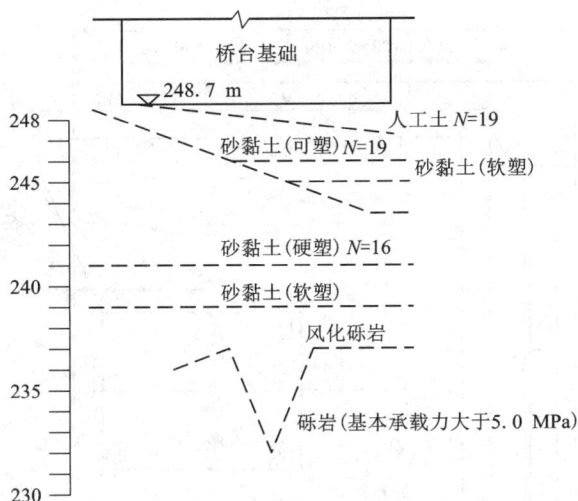

图 9-9　北桥台基础地质情况示意图

3. 桥梁现状评价

根据《公路桥涵地基与基础设计规范》(JTJ 3363—2019)第 5.3.3 条,墩台的沉降不得超过下列规定:相邻墩台间的不均匀沉降差值(不包括施工中的沉降),不应使桥面形成大于 2‰的附加纵坡。

根据实测结果,该桥台已发生不均匀沉降,且超过了容许极限值,必须进行加固。

4. 加固设计方案

1)加固设计要点

由于在桥台基底下 10 m 左右有一承载力很高的砾岩地层,容许承载力大于 5 MPa,因此按柱桩进行加固设计。单桩承受的最大荷载由桩体强度决定。

(1)估算原有地基极限承载能力。

(2)确定加固前地基实有平均压应力。

(3)对现场土壤进行配方试验:现场旋喷试验的固结体强度 a 桩均大于 2.5 MPa,故设计时取 2.5 MPa。

(4)求桩的总面积,取安全系数取 $K_1=2$。

(5)试验表明,采用新配备的设备和旋喷工艺。

(6)加固后桥台成为分期受力的复合地基。经计算,桥台在最不利荷载作用下基础有 1.23 的安全系数,满足加固要求。

(7)孔位布置。

由于桥台顺线路中线是轴对称的,故每侧布置 10 根。由于桥台台尾沉陷较台前大,故旋喷孔在桥台后部较前部略多。除在两侧襟边布孔外,还在 U 形桥台中央底板较薄处布置 6 孔,如图 9-10 所示。每个固结体的长度则根据各孔的基岩高程决定。浆液用量亦可根据有关资料进行估算。

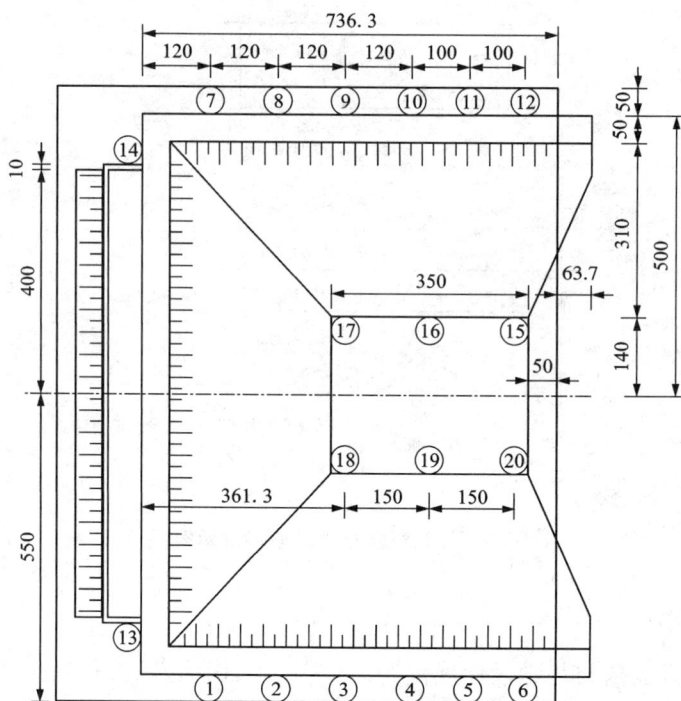

图 9-10　旋喷孔布置示意图

2）加固设计方案比选

由于台后填土较高，桥台四周附近又有房舍和铁路，施工场地狭小，若采用换填或扩基等方法加固，技术上存在一定困难，经济上也不尽合理，最后决定采用旋喷法进行加固。

5. 施工工艺要点和要求

1）施工工艺要点

本加固施工有两个特点：一是使用了二重管旋喷工艺，在标准贯入度值较大的砂黏土中获得了较大的固结体；二是直接对桥台基底和襟边以下的土层进行旋喷加固。这样既扩大了基底面积，又使旋喷固结体和桥台地基联成一体，在桥台基础的下面形成一个承受力的旋喷桩群。

旋喷注浆法的操作要点见本章第一节相关内容。

2）施工场地布置

因桥台地方狭小，宜顺路堤纵列式布置，留出通道便于施工机具和材料运送。地质钻与振动钻均置于钢轨排架上，放在桥台的一侧施工，水泥注浆车则放在另一侧。当一侧施工完后，注浆车开上桥面，将轨排拨向另一侧，再将注浆车退至空出的地方。

6. 加固效果评价

由于基础岩面起伏大，局部土层松软，有些地方空隙较大，甚至存在小范围的空洞，旋喷施工时不但每孔旋喷深度相差较大，而且用浆量亦有相当大的出入。如桥台西第 18 号孔旋喷长度为 15.9 m，注浆量约 28 m³；桥台西北第 12 号孔旋喷长度为 11.5 m，注浆量 16 m³；而台前第 1 号孔旋喷长度为 8.85 m，注浆量 3.5 m³。所有施工孔位均有冒浆情况发生，18 号和 12 号孔起初不冒浆，后来才逐渐开始少量冒浆，可见在 18 号孔和 12 号孔附近存在有较大空隙的土层或局部空洞，在这些地方除了形成旋喷桩的固结体外，水泥浆还填充固结了土层周围的空洞和孔隙。相反，在桥台前 1 号孔处土层覆盖厚度较浅土质又较密实，注浆量相对较少。

本桥台自 1981 年 6 月旋喷注浆施工结束后通车，经过两年的雨季考验，一直未发现有下沉迹象，使用正常，说明使用旋喷注浆技术对该桥台地基进行加固是成功的。

【思考题】

1. 人工地基加固法有哪些常见方法？
2. 旋喷注浆法的主要特征是什么？
3. 旋喷注浆工艺有哪几种类型？
4. 扩大基础加固法的施工顺序是怎样的？
5. 钢筋混凝土套箍和护套加固法有何区别？
6. 如何评定地基加固的效果？

参考文献

[1] 中交第一公路勘察设计研究院有限公司. 公路桥涵养护规范(JTG 5120—2021). 北京: 人民交通出版社, 2021.

[2] 交通运输部公路科学研究院. 公路桥梁承载能力检测评定规程(JTG/T J21—2011). 北京: 人民交通出版社, 2011.

[3] 中国建筑科学研究院等. 钻芯法检测混凝土抗压强度技术规程(JTG/T 384—2016). 北京: 中国建筑工业出版社, 2016.

[4] 中国建筑科学研究院等. 超声回弹综合法检测混凝土抗压强度技术规程(T/CECS 02—2020). 北京: 中国计划出版社, 2020.

[5] 北京新桥技术发展有限公司等. 公路桥梁水下构建检测技术规程(T/CECS G: 56—2019). 北京: 人民交通出版社, 2020.

[6] 陕西省建筑科学研究院等. 回弹法检测混凝土抗压强度技术规程(JGJ/T 23—2011). 北京: 中国建筑工业出版社, 2011.

[7] 交通运输部公路科学研究院. 公路桥梁技术状况评定标准(JTG/T H21—2011). 北京: 人民交通出版社, 2011.

[8] 中交第一公路勘察设计研究院有限公司. 公路桥梁加固施工技术规范(JTG/T J—2008). 北京: 人民交通出版社, 2008.

图书在版编目（CIP）数据

桥梁评定与维修加固 ／ 马晶，李振，胡学峰主编.
—长沙：中南大学出版社，2023.1
高职高专土建类"十三五"规划"互联网+"系列教材
ISBN 978-7-5487-5240-0

Ⅰ. ①桥… Ⅱ. ①马… ②李… ③胡… Ⅲ. ①桥－
维修－高等职业教育－教材②桥－加固－高等职业教育
－教材 Ⅳ. ①U445.7

中国版本图书馆 CIP 数据核字（2023）第 002186 号

桥梁评定与维修加固

马晶　李振　胡学峰　主编

□出 版 人	吴湘华	
□策划编辑	周兴武　谭　平	
□责任编辑	周兴武	
□责任印制	李月腾	
□出版发行	中南大学出版社	
	社址：长沙市麓山南路	邮编：410083
	发行科电话：0731-88876770	传真：0731-88710482
□印　　装	长沙雅鑫印务有限公司	

□开　　本	787 mm×1092 mm　1/16	□印张 6.5	□字数 163 千字
□版　　次	2023 年 1 月第 1 版		□印次 2023 年 1 月第 1 次印刷
□书　　号	ISBN 978-7-5487-5240-0		
□定　　价	32.00 元		

图书出现印装问题，请与经销商调换